The Technical Analysis of Renaissance Illuminated Manuscripts

from the Historical Library
of the University of Valencia

Estudio Técnico de los Códices Miniados Renacentistas

de la Biblioteca Histórica
de la Universidad de Valencia

Salvador Muñoz Viñas
Eugene F. Farrell

STRAUS CENTER FOR CONSERVATION AND TECHNICAL STUDIES
HARVARD UNIVERSITY ART MUSEUMS
CAMBRIDGE, MASSACHUSETTS

UNIVERSIDAD POLITÉCNICA DE VALENCIA
VALENCIA, ESPAÑA

This publication was made possible by support from the Andrew W. Mellon Foundation.

Esta publicación ha sido posible gracias al apoyo de la Andrew W. Mellon Foundation.

Published by the Harvard University Art Museums and the Universidad Politécnica de Valencia.

Publicado por Harvard University Art Museums y la Universidad Politécnica de Valencia.

Front cover: Capital letter in folio 1r, MS 47, of the University of Valencia Historical Library, reproduced approximately twice its original size.

Fotografía de cubierta: letra capital del folio 1r° del Ms. 47 de la Biblioteca General e Histórica de la Universidad de Valencia, aproximadamente al doble de su tamaño real.

Library of Congress Cataloging-in-Publication Data

Muñoz Viñas, Salvador.

The technical analysis of Renaissance illuminated manuscripts from the Historical Library of the University of Valencia = Estudio técnico de los códices miniados renacentistas de la Biblioteca Histórica de la Universidad de Valencia / Salvador Muñoz Viñas, Eugene F. Farrell. -- Bilingual ed.

p. cm.

Includes bibliographical references.

ISBN 1-891771-03-5 (paper)

1. Illumination of books and manuscripts, Italian--Italy--Naples--Technique. 2. Illumination of books and manuscripts, Renaissance--Italy--Naples--Technique. 3. Pigments--History--15th century--Analysis. 4. Alfonso V, King of Aragon, 1396–1485--Library. 5. Illumination of books and manuscripts--Spain--Valencia. 6. Universidad de Valencia. Biblioteca General e Histórica. I. Farrell, Eugene. II. Universidad de Valencia. Biblioteca General e Histórica. III. Title. IV. Title: Estudio técnico de los códices miniados renacentistas de la Biblioteca Histórica de la Universidad de Valencia.

ND3161.N37M86 1999

745.6'7'094573--DC21 99-24622

Contents / *Índice*

Director's Foreword

The project to analyze the materials found in the illuminated manuscripts at the Historical Library of the University of Valencia began with a letter in December 1987 from Salvador Muñoz Viñas, asking if we would be interested in collaborating on an analysis of the pigments used in a group of codices that came to Valencia from Naples in the fifteenth century. These books, now in the Historical Library, were part of a collection founded by Alfonso V, king of Aragon, who conquered Naples in 1442. The books came to Valencia with Duke Ferdinand of Calabria when he fled Naples at the end of the fifteenth century, after a successful French attack.

We indicated our interest in Salvador's project and later set up an exchange between the Polytechnic University of Valencia and the Straus Center for Conservation at the Harvard University Art Museums, which brought Salvador Muñoz to Cambridge and sent Eugene Farrell to Valencia. The Government of Valencia largely financed the project. Muñoz came to Harvard in October 1988 to do library research preliminary to the actual sampling and analysis of the books. In March 1990, Farrell went to Valencia to sample the codices and conduct preliminary analyses using optical microscopy and the scanning electron microscope at the Polytechnic University. Further analyses were carried out at Harvard later that year.

Some of the results of the analyses were presented in English and Spanish at the meeting of the International Institute for Conservation in Madrid, in 1992. Further exchanges between Cambridge and Valencia occurred in the following years. The present publication offers a comprehensive summary of the research, allowing the reader to appreciate more fully the political, artistic, and technical intricacies of one of the most interesting periods of Western history.

James Cuno
Elizabeth and John Moors Cabot Director
Harvard University Art Museums

Prefacio del Director

Esta investigación sobre las técnicas y materiales de los manuscritos illuminados de la Biblioteca General e Histórica de la Universidad de Valencia comenzó en diciembre de 1987, cuando Salvador Muñoz Viñas nos preguntó si tendríamos interés en colaborar en el análisis de los pigmentos empleados en un grupo de codices napolitanos conservados en Valencia desde finales del siglo XV. Estos libros, ahora en la Biblioteca Histórica, formaban parte de la colección iniciada por el rey Alfonso V de Aragón, quien había conquistado Nápoles en el año 1442. A fines del siglo XV, tras un ataque francés, el Duque Fernando de Calabria se desplazó a Valencia, llevando los códices consigo.

Nosotros le comunicamos nuestro interés al profesor Muñoz, y un poco más tarde establecimos un programa de intercambio entre la Universidad Politécnica de Valencia y el Straus Conservation Center, una institución perteneciente al HUAM (Museos de Arte de la Universidad de Harvard). De esta manera, los profesores Muñoz y Farrell viajaron respectivamente a Cambridge y Valencia en varias ocasiones. La Generalitat Valenciana financió este trabajo en gran medida. En octubre de 1988, antes de tomar las muestras de los libros, el profesor Muñoz vino a Harvard para hacer investigaciones bibliográficas preliminarias. En marzo de 1990 el profesor Farrell se trasladó a Valencia para tomar micromuestras de los códices y hacer algunos análisis preliminares mediante microscopía óptica y microscopía electrónica de barrido. Después, en este mismo año, se hicieron otros análisis complementarios.

Algunos de los resultados fueron publicados en inglés y español en las actas del Congreso del International Institute for Conservation que se desarrolló en Madrid en 1992. En los años siguientes tuvieron lugar nuevos intercambios entre Cambridge y Valencia. Esta publicación ofrece un resumen de estas investigaciones, para permitir al lector conocer más profundamente la complejidad política, artística, y técnica de uno de los períodos más interesantes de la historia occidental.

James Cuno
Elizabeth and John Moors Cabot Director
Harvard University Art Museums

Rector's Foreword

I hope this first joint project between the Harvard University Art Museums and the Polytechnic University of Valencia (UPV) will enrich the opportunities of what remains to be done – which is everything. It has always been this way: the future remains unexplored; and there is so much more future when each person, and each institution, adds to what is, and what is done, that which can be done in friendly collaboration with others.

This is true regardless of the nature of the initiatives involved; but when they deal with the fruits of history and art, there is also the pleasure of working on something beautiful that nourishes the roots of the people.

The work that is here offered to the reader belongs to this type of initiative: a book produced with the double viewpoints of art and of science. The latter is an obligatory viewpoint, since today (and even more so tomorrow) the most loving way to view art – the most caring and healthy way of looking at what we wish to be the eternal youthfulness of even the most antique artworks – is the view provided by science and its techniques. Salvador Muñoz Viñas and Eugene F. Farrell, the authors of this study, have made this view possible. Pilar Roig Picazo, director of the Conservation Department of the UPV, Henry Lie, director of the Straus Center for Conservation and Technical Studies at Harvard, and James Cuno, director of the Harvard University Art Museums, have made it possible.

Justo Nieto Nieto
Rector
Polytechnic University of Valencia

Prefacio del Rector

Deseo que este primer trabajo conjunto realizado entre la Universidad de Harvard y la Universidad Politécnica de Valencia fecunde las oportunidades de lo que está aún por hacer, que es todo. Siempre ha sido así: el futuro sigue intacto, y hay tanto más futuro, cuando cada ser humano, cada institución, suma a lo que tiene, a lo que hace, lo que puede hacer con otros amistosamente conveniado.

Esto es válido sean cualquiera que sean las iniciativas en juego, pero cuando se trata de los frutos de la historia y del arte, existe, además, la satisfacción añadida de trabajar en algo bello que alimenta las raíces de los pueblos.

La obra que se ofrece al lector pertenece a esta clase de iniciativas-libro realizadas con doble mirada: la del arte y la de la ciencia. Mirada obligada, esta última, pues hoy por hoy, y más aún mañana, la más amorosa mirada que pueda recibir el arte, la más preocupada y saludable para la que deseamos sea eterna y joven ancianidad de las obras del arte, vendrá de la mano de la ciencia y de sus técnicas. Salvador Muñoz Viñas y Eugene F. Farrell, autores del trabajo, lo han hecho posible. Pilar Roig Picazo, directora del Departamento de Conservación y Restauración de la UPV, Henry Lie, director del Straus Center para Conservación de la Universidad de Harvard, y James Cuno, director de los Museos Artísticos de la Universidad de Harvard, lo han hecho posible.

Justo Nieto Nieto
Rector
Universidad Politécnica de Valencia

Acknowledgments

The authors wish to express their gratitude to the following institutions: the Straus Center for Conservation and Technical Studies at the Harvard University Art Museums and the Polytechnic University of Valencia for their support and for use of their scientific instruments; the University of Valencia – and especially Director Cruz Cabeza Sánchez-Albornoz of the General and Historical Library – for permission to sample the codices and to publish photographs of them; the International Institute for Conservation, for permission to publish some analytical results already included in a volume whose copyright is theirs; and especially the Generalitat Valenciana and the Conservation Department of the Polytechnic University of Valencia, for their funding of several exchange trips necessary for the development of this research.

We would also like to express our sincere thanks to the following individuals: at the Polytechnic University of Valencia, Pilar Roig Picazo, director of the Conservation Department, for her support of this research; Luis Ángel Alonso of the Geology Department, for the generous use of the department's polarized light microscope; and Isabel Hernández, for her kind collaboration in the use of the university's scanning electron microscope; and at Harvard University, Clive Hayzelden of the Division of Applied Sciences, for the use of his department's scanning electron microscope.

Our special thanks go to the staff of the Straus Center for Conservation for their continued support and encouragement: to director Henry Lie and former administrator Cherrie Corey; and to Craigen Bowen and Kate Olivier for their patient reading of and comments on various drafts of the manuscript. Thanks to Melissa Katz and Martha Davidson for early editorial work, and special thanks to Dawn Carelli and Evelyn Rosenthal for their detailed editing and design work.

Agradecimientos

Los autores desean expresar su gratitud a las siguientes instituciones: al Straus Center for Conservation de la Universidad de Harvard y a la Universidad Politécnica de Valencia, por el uso de su instrumental científico; a la Universidad de Valencia, y especialmente a Mª Cruz Cabeza Sánchez-Albornoz, directora de su Biblioteca General e Histórica, por haber permitido la toma de micromuestras y la publicación de las fotografías de los códices; al International Institute for Conservation por haber permitido la publicación de algunos resultados analíticos incluidos en un volumen cuyo copyright es suyo; y de forma especial a la Generalitat Valenciana y al Departamento de Conservación y Restauración de Bienes Culturales de la Universidad Politécnica de Valencia (UPV), que han financiado diversos viajes de trabajo imprescindibles para el desarrollo de esta investigación.

Tambien quisiéramos expresar nuestro sincero y cálido reconocimiento a las siguientes personas: en la UPV, a la Doctora Pilar Roig Picazo, directora del Departamento de Conservación y Restauración, por su apoyo a esta investigación; al Doctor Luis Ángel Alonso, del Departamento de Geología, por su cooperación en el uso del instrumental de microscopía óptica; y a Isabel Hernández, por su amabilidad y cooperación en el uso del microscopio electrónico de barrido; y en la Universidad de Harvard, al Doctor Clive Hayzelden, de la Division of Applied Sciences, por el uso del microscopio electrónico de barrido.

Agradecemos de forma especial a Henry Lie y Cherrie Corey, del Straus Center for Conservation, su continua confianza y apoyo, y a Craigen Bowen y Kate Olivier sus comentarios durante la preparación de este manuscrito; y a Melissa Katz y Martha Davidson su revisión inicial de las versiones castellana e inglesa del texto. Dawn Carelli y Evelyn Rosenthal merecen un reconocimiento destacado por su cuidadoso trabajo de revisión y diseño del libro.

The Technical Analysis of Renaissance Illuminated Manuscripts from the Historical Library of the University of Valencia

Salvador Muñoz Viñas and Eugene F. Farrell

HISTORICAL CONTEXT

In the beginning of the fifteenth century, Aragon was a growing power caught between two imposing neighbors, France and Castile. Rather than challenge them directly, it was strategically safer for Aragon to pursue dominance of the western Mediterranean islands, Naples, and the southern part of the Italian peninsula. This policy was not new; Sicily had already been an Aragonese possession in the latter part of the thirteenth century, and again in the latter part of the fourteenth century, but the annexation of Naples did not take place until the middle of the fifteenth century.

In 1414, Giovanna II became queen of Naples. She faced a dangerous scenario: an important contingent of the powerful local nobility did not want her as their monarch, and Giovanna reasonably feared that they could be plotting against her. In order to deter the nobles, she sought the support of a strong foreign ally. She first married a French noble, but the marriage did not last long.[1] After that, because she had no descendants, she made Alfonso V of Aragon ("the Magnanimous") her adoptive son and heir (fig. 1). Alfonso accepted this willingly, and entered Naples for the first time in 1421 as heir and future king; however, the two monarchs did not get along well, and only two years later Giovanna changed her legacy, naming first Louis III of Anjou as her new heir and then, after Louis's death, René d'Anjou.

Alfonso maintained, however, that he was the legal heir, and after Giovanna's death in 1435 a war of succession ensued between Aragon and France. Alfonso emerged as the winner and annexed Naples in 1442, thus consolidating Aragon as one of the strongest powers in the Mediterranean (fig. 2).

Alfonso died in 1458 and his kingdom was divided between his brother, Juan II of Navarre and Aragon, who ascended the throne in Aragon, and his son, Ferdinand I of Naples, who inherited the Neapolitan possessions. During his rule, Ferdinand maintained close ties with Spain, while also forming political alliances with important northern Italian states such as Milan and Florence. These ties helped reinforce relations between artists and scholars in Spain, Naples, and northern Italy.

Upon the death of Ferdinand I in 1494, the French attempted to recover the kingdom of Naples, which they had always considered rightfully theirs. The Aragonese suffered major defeats, and Ferdinand's son and successor, Alfonso II of Naples, gave up the crown only a few months after his father's death. Alfonso's son Ferdinand II ("Ferrandino") inherited the throne, but died in 1496, and his uncle Federigo (Ferdinand I's second son) became king. After a period of strife that lasted until the end of the century, and with the French forces nearing victory, the king of Spain, Ferdinand the Catholic (who had by then united the kingdoms of Aragon and Castile by marriage) intervened; as a result, Naples was conquered in 1503, and he became king of Spain and Naples, reigning in Naples as Ferdinand III. Naples remained a Spanish possession until the eighteenth century.

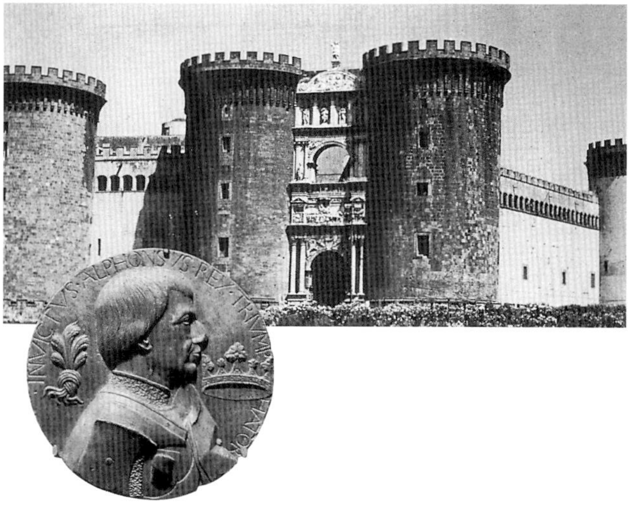

FIG. 1
Bas-relief of Alfonso V, "the Magnanimous," held at the Madrid National Museum of Archeology, with Castel Nuovo, Naples, in the background.

Bajo relieve de Alfonso V, "el Magnánimo," conservado en el Museo Arqueológico Nacional de Madrid, con Castel Nuovo, Nápoles, al fondo.

Estudio técnico de los códices miniados renacentistas de la Biblioteca Histórica de la Universidad de Valencia

Salvador Muñoz Viñas y Eugene F. Farrell

CONTEXTO HISTÓRICO

En la Europa de principios del siglo XV, el reino de Aragón constituía una potencia en auge, pero su situación geopolítica condicionaba notablemente su desarrollo, porque tanto Castilla (al oeste) como Francia (al norte) eran demasiado poderosas como para enfrentarse a ellas directamente. Como consecuencia de ello, sus ambiciones tuvieron que orientarse hacia las islas del mediterráneo occidental y el sur de Italia. Aragón y Sicilia ya habían estado unidas a finales del siglo XIII, y volvieron a estarlo a finales del XIV, pero la unión con Nápoles no se produjo hasta mediados del siglo XV.

En 1414, Giovanna II accedió al trono napolitano; esta mujer se enfrentaba a una grave situación: una parte importante de la poderosa nobleza local no la veía con buenos ojos, y la reina temía, razonablemente, que pudieran tramar su caída. Para evitarlo, buscó el apoyo de un aliado exterior de importancia que le ayudase a contener las pretensiones de los nobles. En primer lugar se casó con un noble francés, pero este matrimonio fracasó estrepitosamente.[1] Después, y dado que no había tenido hijos, se decidió a nombrar como hijo adoptivo, y por lo tanto heredero, al entonces rey de Aragón Alfonso V – "el Magnánimo" (fig. 1). Alfonso aceptó el nombramiento, y entró por primera vez en Nápoles en 1421 en su condición de heredero y futuro rey, pero los talantes de ambos monarcas no favorecieron su relación, y las discrepancias entre ellos llegaron a hacerse insoportables. Tan sólo dos años después, Giovanna nombró un nuevo heredero, esta vez de origen francés: Louis III d'Anjou – y tras la muerte de Louis, René d'Anjou. Alfonso tuvo que salir de Nápoles, pero negó la validez de estos nombramientos, afirmando que él era el único heredero legal. Giovanna murió en 1435, dejando dos presuntos herederos al trono, lo que significó el comienzo de una guerra por el dominio de Nápoles entre Aragón y la Francia de los Anjou; la guerra fue ganada por Alfonso, quien conquistó Nápoles en 1442. De esta forma, Aragón se consolidó como una de las principales potencias del mediterráneo (fig. 2).

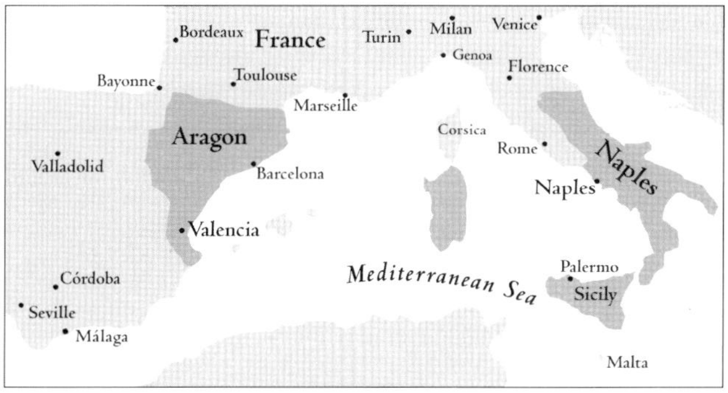

FIG. 2
The Aragonese empire in the second half of the fifteenth century.
El imperio aragonés en la segunda mitad del siglo XV.

Alfonso murió en 1458, y su reino quedó dividido entre su hermano, Juan II de Navarra, quien reinó en Aragón, y su hijo, Fernando I de Nápoles, quien heredó las posesiones italianas. Durante su reinado, Fernando mantuvo con España importantes conexiones de toda clase, pero también estableció alianzas políticas con las potencias del norte de Italia, como Milán y Florencia. Estas alianzas favorecieron los contactos entre artistas e intelectuales aragoneses, napolitanos, y del resto de Italia.

En 1494 murió Fernando, y los franceses iniciaron una guerra para recuperar el reino de Nápoles, que siempre habían considerado como suyo. La guerra se desarrolló desfavorablemente para los aragoneses. El hijo y sucesor de Fernando I, Alfonso II de Nápoles, demostró tener un carácter inestable, y en medio de un ambiente de derrota y fatalismo, abdicó en su hijo Fernando II ("Ferrandino") a los pocos meses de ocupar el trono. A su vez, Ferrandino murió en 1496 y fue sucedido por su tío Federigo (el segundo hijo de Fernando I). Cuando la guerra estaba prácticamente ganada por los franceses, el rey español, Fernando el Católico (quien por entonces había unificado por vínculo matrimonial los reinos de Castilla y Aragón), se decidió a intervenir; como resultado, Nápoles fue conquistada en 1503. El dominio español se prolongó hasta el siglo XVIII.

THE CODICES

Alfonso V began collecting books as a young man and continued to develop his library after ascending the throne. Alfonso's son, Ferdinand I of Naples, shared his father's passion for books. They commissioned and purchased volumes and, whenever the opportunity arose, also confiscated them from defeated enemies. With time, their collection became one of the most comprehensive in the whole of Renaissance Italy. In addition to acquiring books, they also patronized scholars and intellectuals, fostering the creation of an important humanist circle in Naples. The library played a vital role in this community, and received ample royal funding for both the production and acquisition of new books. To meet this demand, numerous calligraphers, miniature painters, and bookbinders were drawn to the city, making it a major center of book production and miniature painting in Italy.

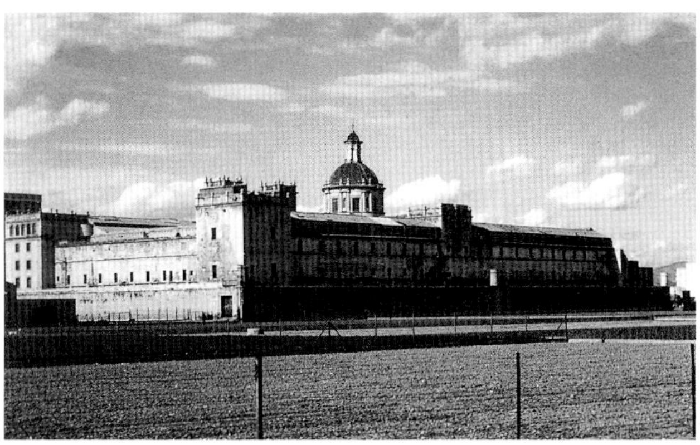

FIG. 3
The monastery of San Miguel de los Reyes on the outskirts of Valencia. Since the nineteenth century the building has been used for nonreligious purposes.

El monasterio de San Miguel de los Reyes tal y como actualmente se conserva, en las afueras de Valencia. Desde el siglo XIX, el edificio ha estado dedicado a usos no religiosos.

During the war against France, much of the library was destroyed or carried away as war booty. In the turmoil of the last years of the century, Duke Ferdinand of Calabria, the last Aragonese heir to the Neapolitan throne before Ferdinand the Catholic's definitive victory, fled to Spain, carrying with him the remnants of the library. Later he was appointed viceroy of Valencia and settled there, founding the monastery of San Miguel de los Reyes (fig. 3). The duke died in 1550, leaving all the books he had brought with him from Naples to the monks of San Miguel. The books remained in the monastery until 1835, when the Spanish state confiscated a large part of the Church's possessions. Custody of the library was given to the University of Valencia, where it has been housed ever since (fig. 4). Along with the Bibliothèque Nationale de Paris, the University of Valencia's Historical Library (Biblioteca General e Histórica de la Universidad de Valencia, or "BGHUV") remains a leading center for the study of Renaissance miniature painting from southern Italy.

Alfonso V and Fernando I built a highly centralized monarchy. Every expense of the royal household was controlled by a strict bureaucracy, which maintained an abundance of detailed documentation. Those documents are now invaluable to the researcher, providing a fundamental source of knowledge for any aspect of this period of Neapolitan history. An important number of these documents produced during the rule of Alfonso are preserved in Spain, in the Archivo de la Corona de Aragón, but all the documents relating to Ferdinand I's rule (1458–94) remained in Naples. Unfortunately, they have become progressively degraded: during the Neapolitan riots of 1547, 1647, 1701, and 1709, parts of the documents were damaged, and some were lost. Even more extensive damage took place quite recently: on 30 September 1943, all Neapolitan records were burned by the German army in Montesano, near San Paolo Belsito; unhappily, Ferdinand I's documents had been carried there in order to prevent possible damage during the bombing of Naples.

Fortunately, Italian scholars had studied and transcribed some part of the destroyed documents. Our present knowledge of Neapolitan Renaissance miniatures is based on these transcriptions, and through them, the precise determination of the authorship of some works has been possible. In turn, through the stylistic study of these works, art historians have found common features that have allowed them to make a number of attributions.[2]

The present study focuses on the paintings from two of the four existing books whose illuminations can be attributed by documentation to Cola Rabicano – the principal Neapolitan miniaturist of the period (MSS 47 and 720) – and the only book whose paintings can be similarly attributed to Cristoforo Majorana, who worked in Rabicano's workshop for some time (MS 758). In addition, we have studied four books whose paintings have been attributed stylistically to Rabicano (MSS 44, 55, 691, and 692), and one book attributable to Cristoforo Majorana (MS 391). Other

LOS CÓDICES

Alfonso el Magnánimo coleccionó libros desde joven, y cuando se convirtió en rey, continuó desarrollando su biblioteca. Su hijo y sucesor, Fernando, compartió con su padre esta afición por los libros. Ambos fueron aumentando los fondos de su colección encargando, comprando, y ocasionalmente confiscando libros a los enemigos vencidos, de forma que con el tiempo su biblioteca se convirtió en una de las más relevantes del Renacimiento italiano. Además, Alfonso y Fernando atrajeron a su corte a un nutrido grupo de pensadores e intelectuales, hasta llegar a formar un importante círculo humanista en Nápoles; en este entorno, los fondos bibliográficos jugaron un papel fundamental, y los monarcas concedieron una generosa financiación para su desarrollo. A su vez, numerosos calígrafos, miniaturistas, y encuadernadores se establecieron en Nápoles, atraídos por las posibilidades de trabajo, convirtiendo la ciudad en uno de los más importantes centros de producción bibliográfica – y de pinturas miniadas – de Italia.

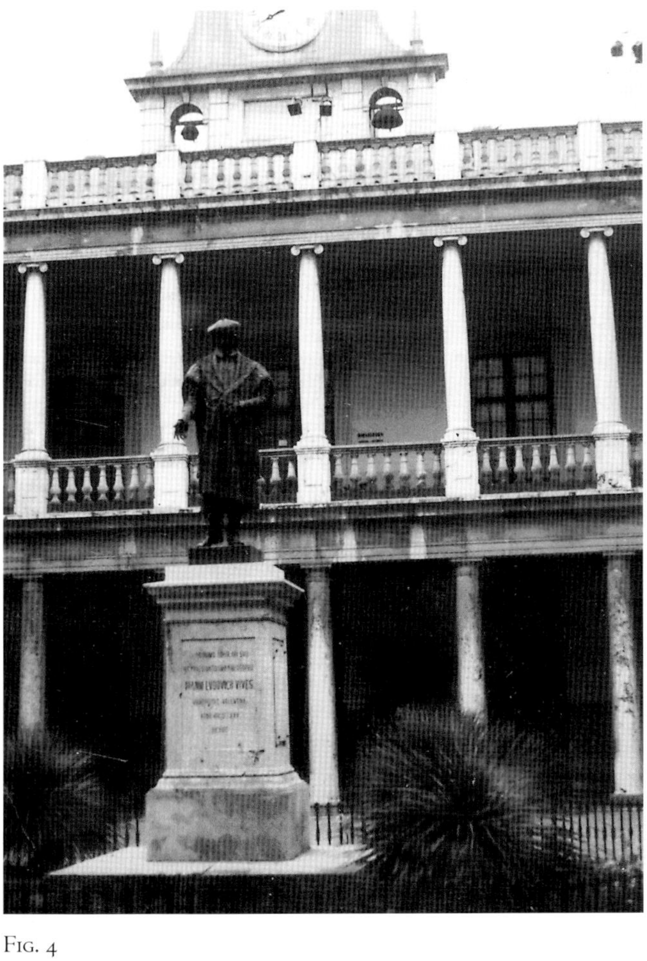

FIG. 4
The University of Valencia Historical Library is inside the old University site. The University was established in 1502, although the library building dates from the nineteenth century.

La Biblioteca General e Histórica de la Universidad de Valencia está situada en la antigua sede de la Universidad. La Universidad fue creada en 1502, aunque el edificio de la BGHUV data del siglo XIX.

Durante el transcurso de la guerra contra los franceses, una parte importante de la biblioteca aragonesa resultó destruida o fue tomada como botín de guerra por las tropas invasoras. Tras una rápida sucesión de acontecimientos, el Duque Fernando de Calabria, último heredero aragonés del trono napolitano antes de que Nápoles fuese definitivamente conquistada por Fernando el Católico, regresó a España, trayendo con él los restos de la biblioteca. Después, fue nombrado virrey de Valencia, y se estableció en esta ciudad, donde fundó el monasterio de San Miguel de los Reyes (fig. 3). Murió en 1550, donando a los monjes de San Miguel los libros que había traído desde Nápoles. Los libros permanecieron allí hasta 1835, cuando el estado español confiscó gran parte de los bienes de la Iglesia; desde entonces y hasta la actualidad, los códices se conservan en la Biblioteca General e Histórica de la Universidad de Valencia (BGHUV) (fig. 4). La BGHUV constituye, junto con la Bibliothèque Nationale de París, la más importante fuente de conocimiento de las pinturas miniadas renacentistas del sur de Italia.

El sistema de gobierno que Alfonso el Magnánimo y Fernando I instauraron en Nápoles seguía un modelo altamente centralizado, que suponía, entre otras cosas, un riguroso control y un cuidadoso registro documental de cada uno de los gastos de la casa real. Hoy día, estos registros son de incalculable valor para los investigadores, y su análisis representa una fuente fundamental para el conocimiento de cualquier aspecto de esta etapa de la historia napolitana. Una parte importante de los documentos relativos al reinado de Alfonso se conservan en España, en el Archivo de la Corona de Aragón, pero la totalidad de los documentos correspondientes al reinado de Fernando I (1458–94) permanecieron en Nápoles. Desgraciadamente, los acontecimientos históricos fueron degradando el conjunto: los levantamientos populares napolitanos de 1547, 1647, 1701, y 1709 fueron los más perjudiciales para los documentos, y causaron la pérdida de los registros de algunos años concretos. Sin embargo, la más grave destrucción ocurrió recientemente, concretamente el 30 de septiembre de 1943, cuando las tropas alemanas de ocupación quemaron la práctica totalidad de los documentos en la Villa de Montesano, próxima a San Paolo Belsito, a donde habían sido trasladados precisamente para evitar que los bombardeos sobre la ciudad pudieran dañarlos.

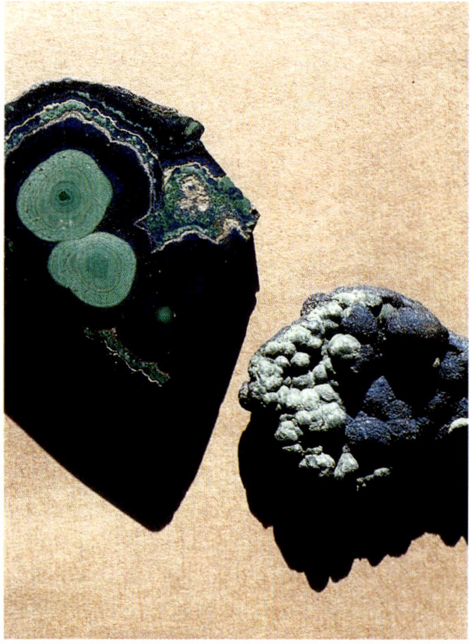

Fig. 5

Mineral pigments from the Straus Center for Conservation collections: Banded azurite (blue) and malachite, as found in natural form.

Materiales pictóricos de origen mineral procedentes de las colecciones del Straus Center for Conservation: muestras naturales de azurita y malaquita.

books in the study include a manuscript containing paintings attributed to Gioacchino di Giovanni de Gigantibus, an important Neapolitan miniature painter who also worked in Rome (MS 413), and two volumes with paintings by unknown artists (MSS 405 and 887).[3] All of these works from the old Neapolitan library are currently housed in the Historical Library of the University of Valencia, whose collections are sufficiently extensive in works of the same origin (in this case, Renaissance Naples) to allow the identification of coherent patterns in their materials and methods. It is also interesting to note that the anonymous treatise *De arte illuminandi,* the most important written source on Renaissance miniature painting techniques and materials, was written in Naples in the fourteenth century.

MATERIALS AND METHODS EMPLOYED

The making of a painting involves a great many technical questions; these in turn comprise a series of complex factors that cannot be ignored if we aim to understand the phenomenon of art more fully. In order to understand the technical and material aspects of medieval and Renaissance miniatures, we use two types of sources: documents contemporary with the works, and analytical investigations of the works themselves. The former provide general descriptions of the techniques of the period, while the latter identify with precision which materials were used in a particular illumination.

The colorant materials available to late-medieval miniaturists are generally well known and represent a wide range of natural and synthetic sources. Natural materials were derived from both minerals and plants (figs. 5 and 6), while artificial materials were produced by what were sometimes quite complex processes. In general, materials derived from minerals or produced by synthetic means have survived well, while materials derived from plants, which were frequently used as dyes, have suffered discoloration from exposure to light. Paintings in books, however, tend to survive well, as books are generally kept closed, protecting the illuminations from light and the damaging effects of atmospheric pollution. The books discussed here are in relatively good condition and magnificently represent the last phase of the illuminated manuscript. They date from the period of the development of the printing press, whose movable type and woodblock prints would make handwritten codices obsolete by the mid-fifteenth century. What follows is a detailed discussion of the supports, binding media, pigments, and techniques employed in the production of Renaissance Neapolitan miniatures.

Parchment

All the manuscript illuminations from the Neapolitan codices under study were painted on parchment supports. An

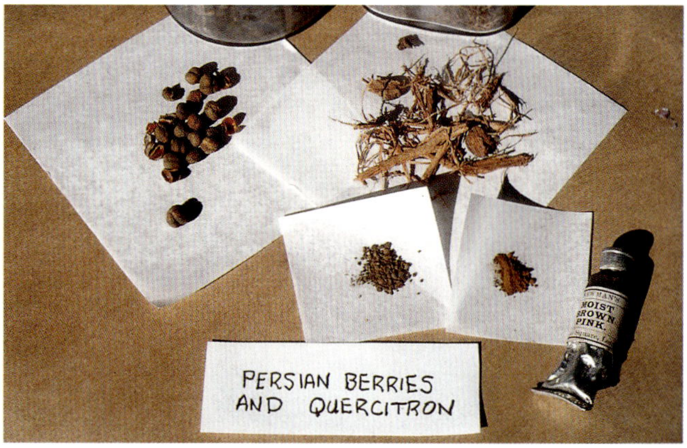

Fig. 6

Vegetal painting materials from the Straus Center for Conservation collections: Persian berries and quercitron (both yellow pigments) are shown here in natural and ground-up forms.

Materiales pictóricos de origen vegetal procedentes de las colecciones del Straus Center for Conservation: bayas persas y corteza de roble negro norteamericano (pigmentos amarillos) en estado natural y tras el molido.

Afortunadamente, algunos estudiosos italianos habían investigado y transcrito una parte importante de esos documentos. Actualmente, nuestro conocimiento de la miniatura napolitana de ese periodo se basa en esas transcripciones: a través de ellas, ha sido posible determinar con certeza la autoría de unas pocas obras; a su vez, a partir del estudio de estas obras, algunos historiadores han encontrado rasgos estilísticos comunes con otras pinturas, lo que les ha permitido realizar ciertas atribuciones – en ocasiones muy abundantes.[2]

En esta investigación, se han tomado micromuestras de dos de los cuatro libros que existen cuyas pinturas pueden atribuirse documentalmente a Cola Rabicano – el principal miniaturista napolitano de este periodo (Ms. 47 y Ms. 720) – y del único libro cuyas pinturas pueden atribuirse documentalmente a Cristoforo Majorana, quien durante un tiempo trabajó en el taller de Rabicano (Ms. 758). Además, hemos estudiado las pinturas de seis libros cuyas pinturas han sido atribuidas sobre bases estilísticas a Cola Rabicano (Ms. 44, Ms. 55, Ms. 691, y Ms. 692), a Cristoforo Majorana (Ms. 391), y a Gioacchino di Giovanni de Gigantibus – otro importante miniaturista del círculo napolitano que también trabajó en Roma (Ms. 413). También se han estudiado otras pinturas de autores desconocidos contenidas en otros dos libros (Ms. 405 y Ms. 887).[3] Todos estos códices provienen de la antigua biblioteca napolitana, y en la actualidad se hallan en la Biblioteca General e Histórica de la Universidad de Valencia, cuyos fondos nos ofrecen un conjunto de obras de origen común (en este caso, del Renacimiento napolitano) lo bastante grande como para permitirnos descubrir rasgos comunes en sus materiales y métodos. Además cabe destacar que la más importante fuente escrita para el conocimiento de las técnicas y materiales de la miniatura renacentista, el tratado anónimo *De arte illuminandi*, fue escrita en el sur de Italia en el siglo XIV.

LOS MATERIALES ARTÍSTICOS

La realización de una pintura implica una gran cantidad de cuestiones técnicas; estos aspectos abarcan a su vez una serie de factores de gran complejidad, que no podemos ignorar si queremos estudiar y entender el fenómeno artístico de forma más completa. Para conocer los aspectos técnicos y materiales de la miniatura medieval y renacentista, disponemos de dos tipos de fuentes originales: los escritos contemporáneos a las obras; y el estudio de las obras mismas. Los primeros proporcionan una idea general de las técnicas empleadas por los autores de esos periodos, mientras que el estudio experimental de las obras nos permite conocer con precisión cuál de las opciones materiales fue empleada en cada caso concreto.

Los materiales colorantes de los que el miniaturista tardomedieval podía disponer son bastante conocidos, y constituyen un amplio repertorio de sofisticados materiales naturales y artificiales. Los materiales naturales son de origen tanto mineral como vegetal (figs. 5 y 6), mientras que los artificiales eran producidos mediante procesos en ocasiones extraordinariamente complicados. La mayoría de los materiales naturales de origen mineral y de origen artificial han demostrado ser estables a largo plazo. Por el contrario, los colorantes vegetales, usados muy frecuentemente como tintes, experimentan una importante decoloración al estar expuestos a la luz. Sin embargo, es necesario tener en cuenta que los libros permanecen normalmente cerrados y protegen las pinturas de las radiaciones luminosas y, en alguna medida, de los efectos negativos de la atmósfera más o menos contaminada. Los libros objeto de esta investigación se hallan en buen estado de conservación, y son magníficos ejemplos de las etapas postreras de la iluminación de manuscritos. Al mismo tiempo que estas pinturas se realizaban, los manuscritos se estaban ya transformando en algo obsoleto como consecuencia de las experiencias de Gutenberg, quien empezó a realizar las primeras impresiones con tipos móviles a mediados del siglo XV. En los capítulos siguientes, describiremos las técnicas y materiales empleados en la producción de las miniaturas napolitanas del Renacimiento.

El pergamino

Las pinturas de los códices napolitanos que estamos estudiando están hechas sobre pergamino. El pergamino es un soporte orgánico, conocido desde la antigüedad, que se produce a partir de pieles de animales. La preparación del pergamino puede considerarse la primera etapa en la producción de miniaturas, aunque hablando de forma precisa, ésta no era una tarea del miniaturista, puesto que el pergamino ya se adquiría preparado. Los registros napolitanos de la casa real aragonesa incluyen numerosos recibos y órdenes de pago o de entrega de hojas de pergamino que pasaron de los productores a los calígrafos y, una vez manuscritos los textos, de los calígrafos a los miniaturistas.

Existían diversos tipos de pergamino, cuyas características (y cuya denominación) variaban según el animal

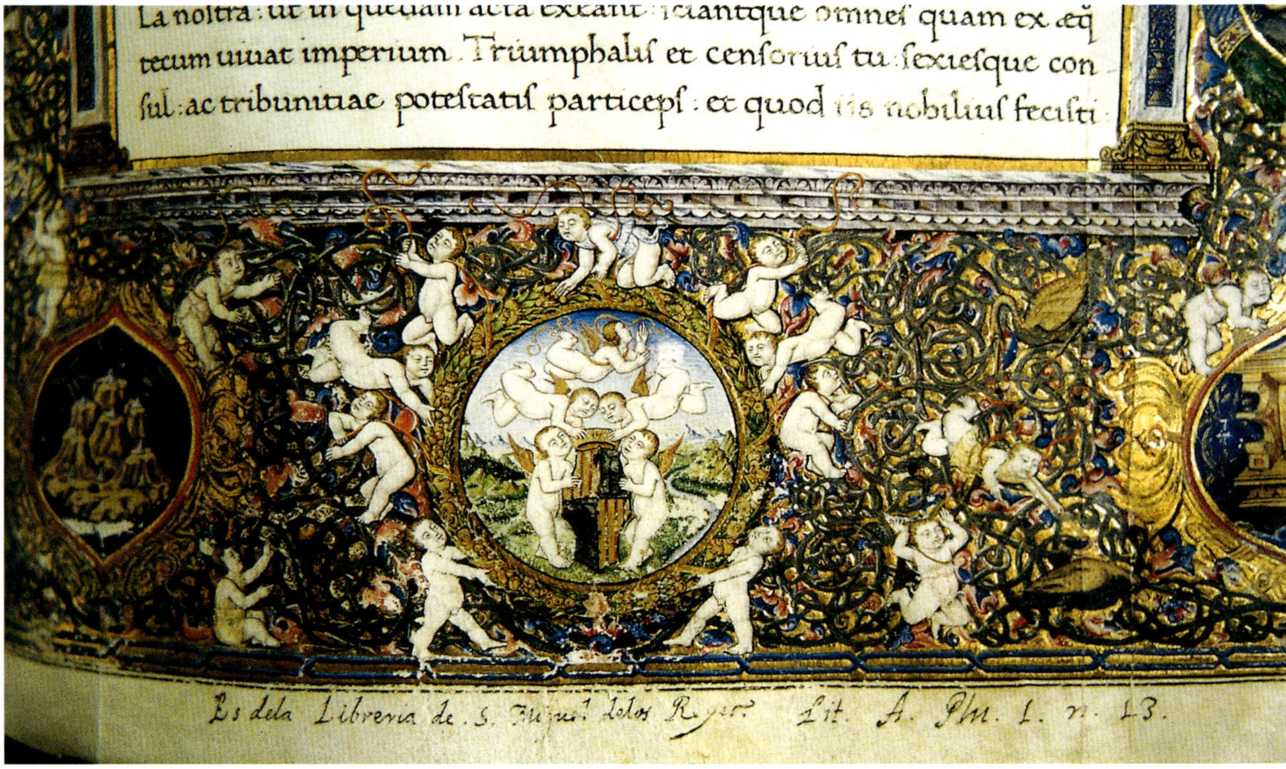

FIG. 7
MS 691, folio 1r, detail. This frontispiece has changed notably since its execution. The border contains a dense vegetal decoration, mainly composed of silver leaf, which now shows an intense, matte black color on account of its combination with airborne sulfur, resulting in silver sulfide.

Ms. 691, folio 1r°, detalle. El aspecto del conjunto de este frontispicio ha variado notablemente respecto a cómo fue originalmente pintado. El conjunto de la orla está recorrido por una compleja decoración vegetal de tracería cubierta por hoja de plata; sin embargo, en la actualidad, la plata ha adquirido un intenso color negro mate por combinación con el azufre del aire.

organic material made from the skins of animals, parchment has been used since antiquity. The preparation of the skins can be considered the first step in miniature production, even though it was not usually the illuminator's responsibility. The accounts of the royal Aragonese household in Naples contain numerous bills and receipts for the purchase of prepared parchments, which were first delivered to the scribes, and then when the texts were complete, were passed on to the miniaturists.

The skins of various domestic animals were used to produce parchment, with the type of parchment identified by its animal origin. According to many researchers, most parchment in Europe was made with cow, sheep, and goat skins. All these offered important advantages: they were abundant, and yielded a skin large enough for most uses. Calf was also used: the tender, homogeneous skin of a young calf was free of scars or irregularities, yet sufficiently large to produce sheets of adequate size. The term *vellum* (derived from Latin *vitulus*, calf) has been used variously to indicate parchment made from calf, or any parchment of high quality and fineness. Parchment made from the skins of newborn animals or fetuses was especially prized for its uniformity, and was referred to as "uterine," "aborted," or "virgin" parchment.

The making of parchment was not a simple task. The skins had to be removed from freshly killed animals, which required some organization. In the words of Daniel Varney Thompson,

> ... they [the parchment makers] could not safely have depended on picking up a skin here and there from anyone who happened to have killed an animal for meat. Probably the meat markets and the parchment makers were supplied through the same distribution mechanism.[4]

Once obtained, the skins would be washed with water and soaked in an alkaline solution to remove the hair. In antiquity, stale urine was sometimes used for this latter task.

del cual se había extraído. Según muchos investigadores, puede afirmarse que la gran mayoría de los pergaminos europeos fueron hechos con piel de vaca, oveja, o cabra. Todos estos animales ofrecían importantes ventajas: eran relativamente abundantes, y podían proporcionar una piel de suficiente tamaño para la mayoría de los usos. El ternero también fue usado con frecuencia para la elaboración de pergamino, y aportaba la ventaja de ser un animal joven, lo que producía una piel sin cicatrices o irregularidades. La expresión *vellum* esta relacionada con ello, y viene a significar en principio "pergamino de ternero" (deriva del latín *vitulus,* ternero), aunque con el tiempo pasó a aplicarse de forma genérica a cualquier tipo de pergamino de alta calidad y finura. El pergamino hecho a partir de las pieles de fetos o de animales recién nacidos era muy apreciado por su insuperable delicadeza, y era denominado como "uterino," "virgíneo," o "abortivo."

La elaboración del pergamino no era sencilla. Las pieles debían extraerse de animales recién sacrificados, lo que exigía una cierta organización. En palabras de Daniel Varney Thompson,

> ... ellos [los fabricantes de pergamino] no podían confiar en comprar una piel aquí y otra allá de cualquiera que hubiera matado un animal para comer. Probablemente, los mercados de carne y los fabricantes de pergaminos dependían de las mismas fuentes de suministro regular.[4]

Una vez extraídas, las pieles se sumergían en agua para limpiarlas, y después en una solución alcalina para facilitar la eliminación de los pelos y cerdas (en la antigüedad, a veces se usaba orina; posteriormente, se usó también extracto de cenizas, y desde la Edad Media, agua de cal). Después de varios días de inmersión en la solución alcalina, las pilosidades podían ser eliminadas con facilidad, simplemente frotando o estirando la piel. Al mismo tiempo, este proceso también contribuye a suprimir las grasas que la piel pudiera contener.

Después, el pergamino debía ser secado, tensado, y raspado. La piel era montada en un bastidor, y humedecida y dejada secar sucesivamente, hasta que se alcanzaba un grado de tensión adecuado – un grado de tensión excesivo podía producir un pergamino demasiado transparente. El raspado era una operación imprescindible, porque contribuía de forma importante a la eliminación de irregularidades en la piel; pero también era una operación muy delicada, porque la aplicación de una presión excesiva por parte del operario podía marcar o rasgar el pergamino. Para paliar este riesgo, se empleaba una pieza metálica curva, en forma de media luna, llamada precisamente *lunellarium.* Esta herramienta sigue siendo usada hoy día por los artesanos que se dedican a la fabricación del pergamino.[5]

Muchas veces, el pergamino estaba listo para usar tan pronto como se cortaba al tamaño adecuado. Sin embargo, en muchas otras ocasiones, la superficie era todavía demasiado grasa, o demasiado absorbente, o contenía irregularidades, que obligaban al calígrafo o al miniaturista a aplicar un tratamiento añadido, que habitualmente consistía en extender un polvo fino de algún material inerte, como el carbonato de calcio natural (tiza), o algún tipo de adhesivo. Estos reducían las irregularidades y moderaban la absorción, para que la tinta o la pintura no se corriesen sobre el pergamino a causa de la capilaridad excesiva.[6]

Dibujos preparatorios

Los miniaturistas recibían las hojas de pergamino ya escritas, con espacios reservados para la iluminación o miniatura. Hoy día se conservan algunos libros incompletos, que nos permiten observar directamente diversas etapas de la producción del códice. En la Biblioteca General e Histórica de la Universidad de Valencia existe un magnífico ejemplo de ello: el Ms. 691, que contiene los fragmentos iniciales de la Historia Natural de Plinio. El manuscrito presenta ciertos problemas de atribución, y de hecho, el códice incluye dos comienzos repetidos, cada uno con su propio frontispicio miniado; los estilos de cada una de estas miniaturas son muy diferentes entre sí: una es muy similar a las obras documentalmente atribuidas a Rabicano (fig. 7), mientras que la otra está mucho más cercana a las concepciones renacentistas entonces imperantes en el norte de Italia (fig. 8).

Nos centraremos en esta última, que representa un portal con figuras humanas y amorcillos. Como podemos ver (figs. 8, 9, y 10), el texto ya ha sido completado, pero no las miniaturas, lo que permite observar los dibujos preparatorios en la parte inferior de la hoja. Estos dibujos están hechos con algún tipo de tinta, y su observación microscópica permite llegar a la sorprendente conclusión de que fueron hechos prácticamente sin correcciones. Estas miniaturas representan un estilo y una técnica muy distintas de las de Rabicano, Majorana, o Gioacchino, quienes, según demuestra el estudio detallado de sus pinturas, empleaban un tipo de dibujo preparatorio bastante más descuidado e impreciso, realizado con grafito o punta metálica (fig. 11).[7]

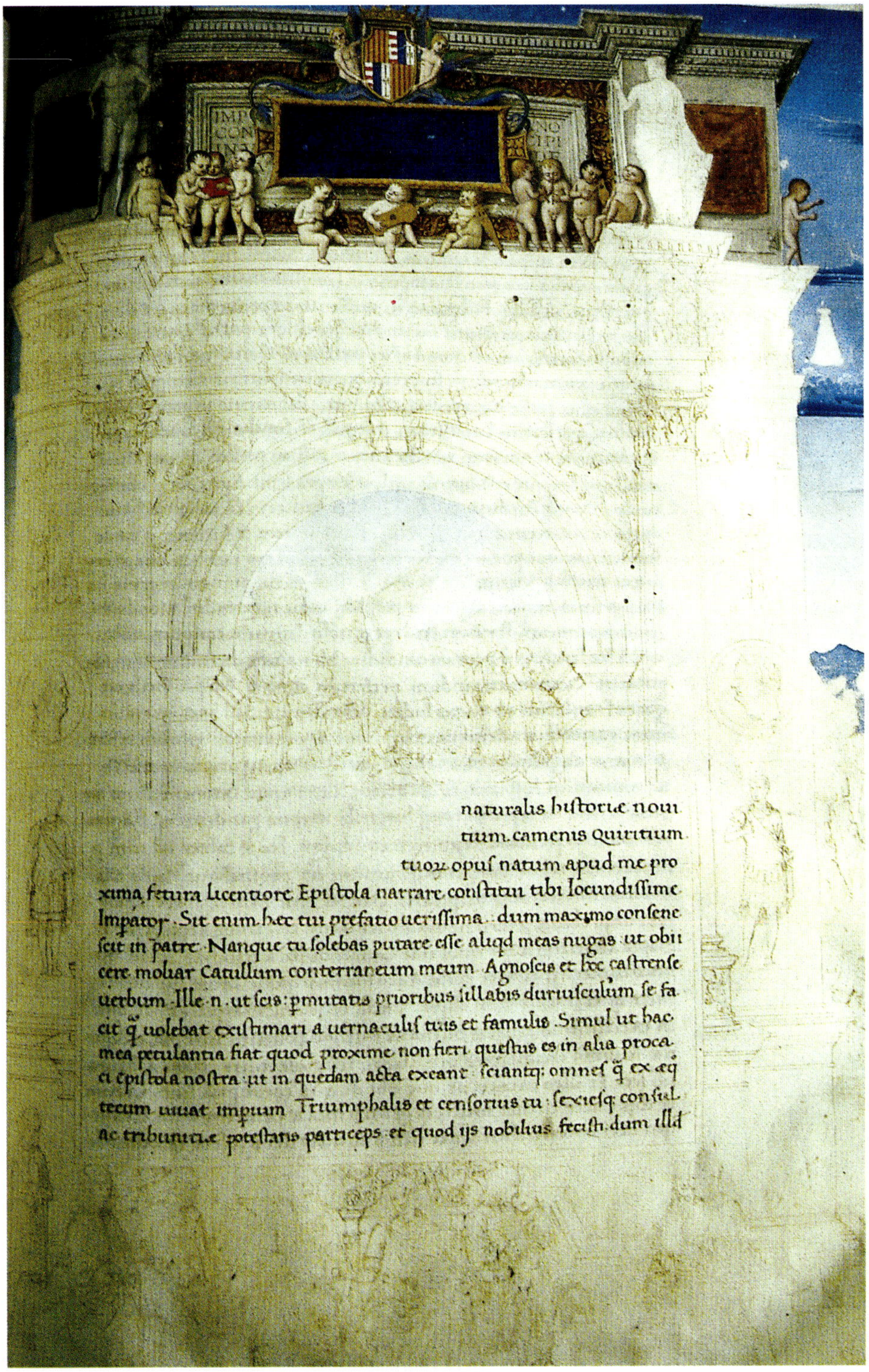

FIG. 8

MS 691, folio 3r. This unfinished page is the second frontispiece in the codex; the first (folio 1r) is completely finished, and has been painted in a style closer to that of Rabicano (see fig. 20). MS 691 measures approximately 17 x 12 in., a size contemporaries called *folio real* ("royal sheet").

Ms. 691, folio 3r°. Esta página inacabada es el segundo frontispicio contenido en el códice; el primero (folio 1r°) está totalmente terminado, y ha sido realizado en un estilo mucho más cercano al de Cola Rabicano (como se puede observar en la figura 20). El Ms. 691 tiene las dimensiones que sus contemporáneos llamaban "folio real," cercanas a los 30 por 40 centímetros.

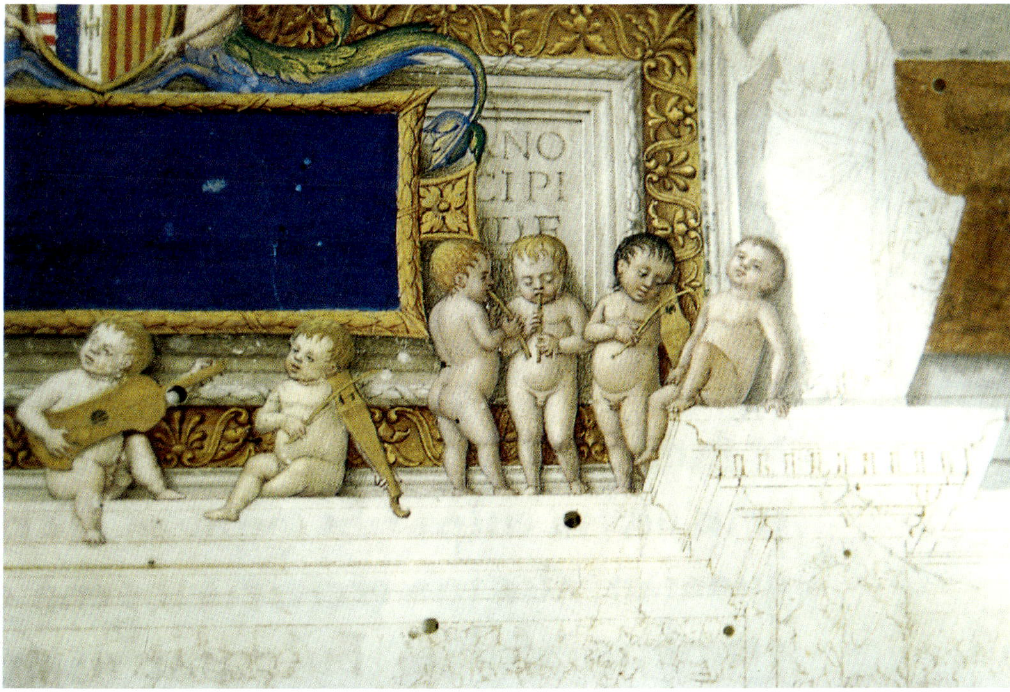

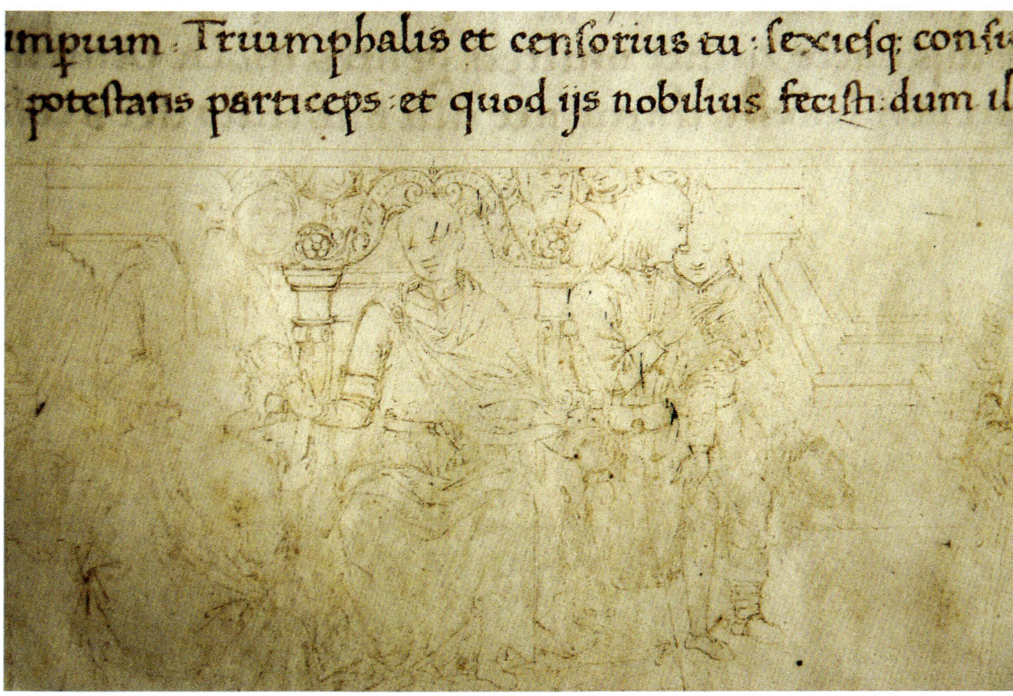

FIG. 9 (at top)
MS 691, folio 3r, detail. The *putti* measure approximately an inch in height.

Ms. 691, folio 3r°, detalle. Los amorcillos miden aproximadamente 25 milímetros de alto.

FIG. 10
MS 691, folio 3r, detail. The lower part of this parchment has not been finished, and allows us to examine the preparatory sketch. This detail shows an image of a monarch (perhaps Ferdinand I) on his throne.

Ms. 691, folio 3r°, detalle. La parte inferior del folio no ha sido terminada, y permite observar el minucioso dibujo preparatorio. Este detalle muestra la imagen de un monarca (quizás Fernando I) en el trono.

Later, this was superseded by an extract of ashes and, from the Middle Ages onward, lime water. After several days of soaking in an alkaline bath, the hair could be easily removed by rubbing or stretching the skin. This also helped to eliminate any reserves of fat that the skin might contain.

A crucial stage in the production of good-quality parchment came next with the drying, stretching, and scraping. The skin was mounted on a frame, humidified, and allowed to dry. The process was repeated until a sufficient degree of tension had been achieved. Precise control was required, as excessive tension could result in a parchment too transparent to be of use. The scraping was an important operation because it contributed decisively to the elimination of irregularities; it was also a very delicate task, since excessive pressure could mark or tear the parchment. To reduce this risk, a half-moon-shaped metallic scraper was devised: the *lunellarium*, a tool still used by present-day parchment makers.[5]

Frequently the parchment could be used as soon as it had been cut from the frame to an appropriate sheet size. An additional step was sometimes required, however, to reduce absorbency or remove excess grease and surface blemishes. If so, the scribe or miniaturist would apply an adhesive film or a very fine powder from an inert material, such as chalk, to diminish capillary action and reduce surface irregularities.[6]

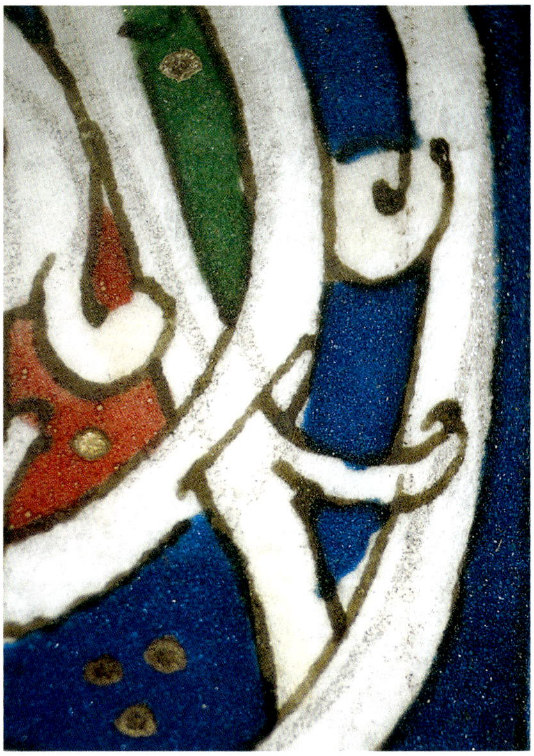

FIG. 11
MS 758, folio 75r, detail. The preparatory sketch is clearly visible amidst the vegetal decoration.

Ms. 758, folio 75r°, detalle. El trazo del dibujo preparatorio es claramente visible entre la decoración vegetal.

Preparatory sketches

The miniaturist would receive the parchment leaves already inscribed, with spaces reserved for the illumination or miniature. The various phases of codex preparation can be observed today in several incomplete books. An example of great beauty and didactic value is conserved in the Historical Library of the University of Valencia's MS 691, a codex that contains early sections of Pliny's *Natural History*. The codex presents certain problems of attribution, including sections of repeated beginning text and two frontispieces of very distinct styles of miniature decoration – one similar to that of works documentarily attributed to Rabicano (fig. 7), and the other much closer to the northern Italian Renaissance style (fig. 8).

The later, Renaissance-style frontispiece, featuring figures in an architectural portal, was left with text complete but miniatures unfinished, allowing the beautiful and highly detailed preparatory sketch to remain visible in the lower half (figs. 8, 9, and 10). This sketch was made with ink, and microscopic examination showed, surprisingly, that practically no corrections were made. On the other hand, despite the precision of their final paintings, the Neapolitan artists Rabicano, Majorana, and Gioacchino made careless and imprecise preparatory sketches, employing graphite or metalpoint (fig. 11).[7]

Drawing materials

Frequently used drawing materials of the fourteenth and fifteenth centuries included chalk (white or colored), charcoal, metalpoint, ink, and – less frequently – graphite.

Two types of ink were available to the miniaturist who preferred drawing in this material. The simplest was an ink suspension of black pigment in an aqueous medium, usually gum arabic, and was essentially similar to a black paint. Iron gall inks were also employed; the galls themselves were produced by insect larvae living within oak trees, and contained gallic and tannic acids that were extracted by cooking the galls in hot water. To this rather transparent extract

Materiales de dibujo

Los materiales de dibujo de uso común en los siglos XIV y XV eran las tizas (blanca o de color), los carboncillos, las puntas metálicas, las tintas, y – con menos frecuencia – el grafito.

Si el miniaturista quería hacer su dibujo en tinta, podía emplear dos tipos de preparaciones. La más sencilla era una suspensión de pigmento negro en un aglutinante soluble en agua, generalmente goma arábiga u otro tipo de goma vegetal, algo esencialmente similar a una pintura negra. Pero también podía usar lo que hoy conocemos como tintas ferrogálicas; estas tintas se producen empleando los ácidos gálico y tánico contenidos en unas excrecencias, llamadas agallas, que aparecen en los robles y otros árboles (las agallas son producidas por las larvas de ciertos insectos que son "inyectadas" en los árboles). Estos ácidos se extraen por cocción en agua caliente, y en principio ese extracto es bastante transparente. Sin embargo, si se mezcla con sulfato de hierro, el resultado es una sal compleja (galotanato de hierro), con capacidad de tinción y de color negro, que con el tiempo puede adquirir un marcado tono pardo debido a su oxidación natural. Además, el miniaturista y el calígrafo podían combinar estos dos tipos de tintas, y a veces añadían un pigmento negro o marrón oscuro a las tintas ferrogálicas para aumentar su intensidad, y también algún tipo de goma vegetal para retener esos pigmentos sobre el soporte, y para conferirle cuerpo y hacer más cómoda su manipulación.

La tinta de agallas produce una acidez que con el curso del tiempo literalmente quema el soporte donde ha sido aplicado; de hecho, el nombre latino para esta tinta es *incaustum* ("quemado"). Este inconveniente es especialmente evidente en el caso de los soportes de papel, en los que muy a menudo el color marrón de la tinta corresponde en realidad al papel quemado (y en ocasiones llegan a producirse perforaciones cuya forma coincide con las letras del texto). Por el contrario, las tintas de pigmento y aglutinante rara vez presentan problemas de conservación, debido a la gran estabilidad de sus componentes. Los dibujos preparatorios del Ms. 691, comenzando en la tercera página, muestran todos los rasgos característicos de las tintas de pigmento y aglutinante. Desgraciadamente, no existe ninguna obra (segura o atribuida) de Rabicano, Majorana, o Gioacchino en la que se pueda observar sus dibujos preparatorios con tanta claridad como en el caso del Ms. 691; sin embargo, se han analizado muestras de la tinta negra empleada para perfilar las pinturas en varios de los códices estudiados (muestras 405/4, 413/2, 691/10, y 720/2).[8] El estudio microscópico revela que todas las muestras contienen pigmentos negros muy finos, mientras que el análisis químico demuestra la presencia de carbono y la ausencia de hierro (excepto en la muestra 413/2, donde probablemente se debe a la presencia de ocre rojo), lo que indica el uso de una tinta de pigmento y aglutinante, y descarta el uso de tintas ferrogálicas.

Secuencia pictórica

Como se puede deducir del examen sistemático de las obras mediante microscopía estereoscópica, los miniaturistas

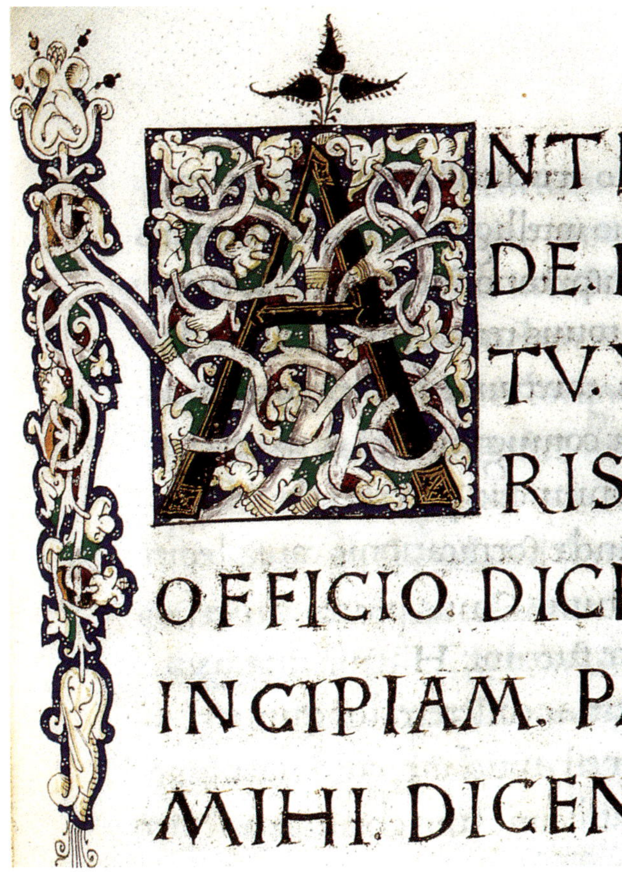

FIG. 12

MS 720, folio 5r. Blue, green, and red are the most frequently used colors in the vegetal decorations. Note the stylistic and technical resemblance between this painting, by Cola Rabicano, and the one represented in fig. 11, by Cristoforo Majorana. Majorana worked in Rabicano's workshop for some time.

Ms. 720, folio 5r°. El azul, el verde, y el rojo son los colores primordiales en la decoración de los códices napolitanos. Obsérvese la similitud estilística y técnica existente entre esta pintura, pintada por Cola Rabicano, y la representada en la figura 11, pintada por Cristoforo Majorana. Majorana trabajó durante algún tiempo en el taller de Rabicano.

iron sulfate was added, forming the complex salt ferric gallotannate, which has excellent tinting strength and an initially black color that may mellow to brown over time, from natural oxidation. Miniaturists and calligraphers often combined two types of ink, very frequently adding a black or dark brown pigment to the iron gall ink to augment its intensity, along with vegetable gum to thicken it, to enhance binding, and to improve handling.

Iron gall ink is acidic in nature, in the course of time burning the support; in fact, the Latin name for this ink is *incaustum* (i.e., "burned"). The problem is especially evident on paper supports, where brown "burns" often form around letters, sometimes leading to total perforation.

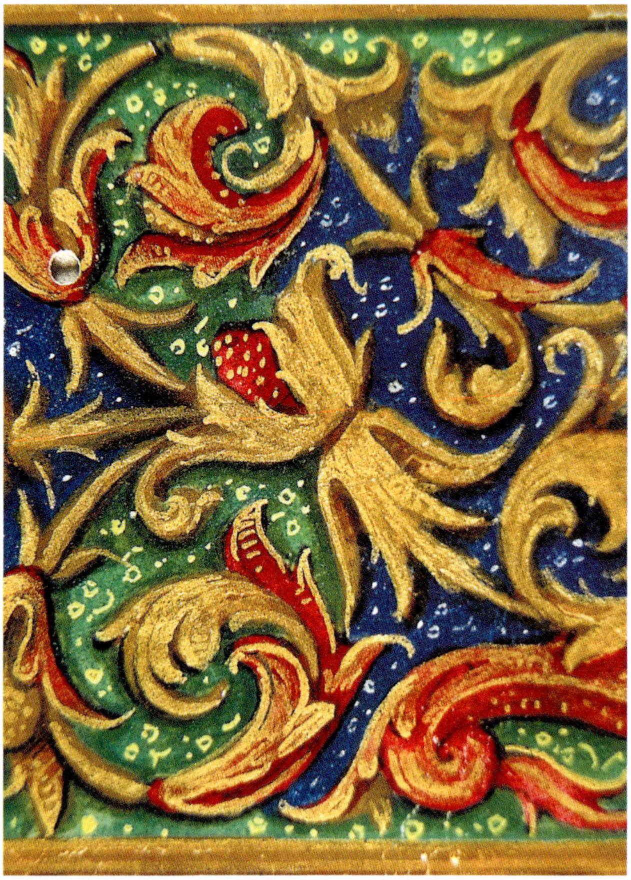

FIG. 13
MS 391, folio 1r, detail. The Neapolitan miniaturists rarely mixed pigments to produce shadings and volume; rather, they applied a transparent glaze of the same color as the zone to be shaded. This technique can also be observed in fig. 35.

Ms. 391, folio 1r°, detalle. Los miniaturistas napolitanos apenas empleaban mezclas de colores. Para matizar, sombrear, y conferir volumen a las superficies, muchas veces empleaban pinturas transparentes del mismo color que aquél sobre el que se aplicaban. Este efecto se puede apreciar también en la figura 35.

Ink suspensions, on the other hand, rarely present problems of permanence, owing to the great stability of the pigments and binders used. The preliminary sketches in MS 691 from the third leaf onward display all the characteristics of an ink suspension. Unfortunately, the surviving works attributable to Rabicano, Majorana, and Gioacchino do not contain such readily visible drawings or preparatory sketches. However, samples of the black ink used to outline the paintings in several Valencia codices have been analyzed (samples 405/4, 413/2, 691/10, and 720/2).[8] Microscopic examination indicates that all samples contain very fine carbon black pigments; chemical analysis showed no trace of iron except in sample 413/2 (probably resulting from the presence of red ochre), which most likely evinces the use of a suspension ink rather than an iron gall ink.

Application sequence of design layers

Examination under low magnification indicates that the Neapolitan miniaturists followed a strict order of color application, evident both in miniatures of secure, documented attribution and those whose attributions are based on style. The sequence observed is the following: first, preparatory sketches were made; then squares of gold leaf were laid over an adhesive; next, if necessary, washes of color were applied (cf. the capitals of MS 413); and finally, the opaque paint layers were applied. In most of these Neapolitan miniatures, blues, greens, and pinks predominate. Often, the illuminations were painted almost exclusively in these colors, producing a beautiful and sober effect (cf. the capitals of MS 720 shown in fig. 12).

In other examples, several layers of paint and gold pigment were applied, followed by transparent glazes, generally lakes (see below), used to shade or modulate forms. Similar colors were always used (e.g., a pure red glaze, rather than a mixture of red and black, to shade opaque red paint). This technique is most visible in the coats of arms painted on various frontispieces, or in the vegetal decorations of the frontispiece of MS 391 (fig. 13).

In all of the works studied, delicate white lines were traced around the forms as a final step (fig. 14). It is important to note that Rabicano's style, like Gioacchino's, is simple and is based on the repetition of a generic model that lends itself well to systematization. The only exceptions to this rule are Majorana's figurative representations (such as the frontispiece in MS 758), in which no precise sequence of application was followed.

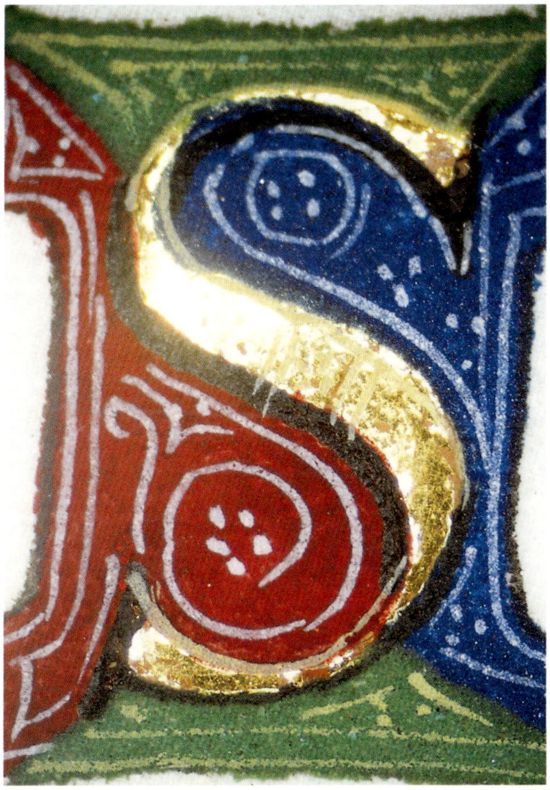

Fig. 14
MS 47, folio 43r. The capitals measure approximately half an inch in height. In the fifteenth century they were called "perosinas."

Ms. 47, folio 43r°. La altura de estas letras capitales, llamadas "perosinas" en el siglo XV, es de aproximadamente 1 centímetro.

napolitanos siguieron una secuencia invariable de aplicación de colores, que se repite de forma idéntica en todas las obras estudiadas, tanto en las obras de autoría documentada como en las que les son atribuidas sobre bases estilísticas. La secuencia observada es la siguiente: primero, y una vez realizado el dibujo preparatorio, las hojas de oro eran aplicadas sobre superficies encoladas; después, cuando ello era necesario, aplicaban aguadas de color (como se puede comprobar en algunas capitales del Ms. 413); y finalmente, se pintaban capas opacas de los colores – los tres más abundantes en estas miniaturas son el azul, el verde, y el rosado. En muchos casos, la pintura se compone casi enteramente de superficies de estos colores, produciendo un bello efecto de limpieza y sobriedad – como se puede observar, por ejemplo, en las capitales del Ms. 720 (fig. 12).

En otros casos, se añadieron posteriormente pinturas de pigmentos dorados, y después, otras pinturas con pigmentos de baja opacidad, generalmente del tipo laca (véase más abajo), para sombrear, matizar, o modular los volúmenes. Para esto, siempre se han empleado pinturas del mismo color que aquél sobre el que se aplican: por ejemplo, para sombrear un rojo, se empleaba una veladura roja, no un rojo mezclado con negro. Tenemos buenos ejemplos de ello en muchos de los escudos de armas pintados en las portadas de los libros, o en la decoración vegetal del frontispicio del Ms. 391 (fig. 13).

Por último, se dibujaban los delicados trazos blancos que están siempre presentes en todas las obras estudiadas (fig. 14). Es importante destacar que el estilo de Rabicano, como el de Gioacchino, es simple y basado en la repetición de un modelo genérico, por lo que se presta muy bien a la sistematización. La única excepción a esta norma la constituyen las representaciones figurativas de Majorana (como la portada del Ms. 758), en las que su autor no siguió una secuencia de aplicación determinada.

Los aglutinantes

En el Renacimiento, un pintor de miniaturas tenía a su disposición varias clases de aglutinantes con los que fabricar sus pinturas. Por ejemplo, podía usar una serie de exudados vegetales solubles en agua, de entre los cuales el más habitualmente empleado era la llamada "goma arábiga," producida por el árbol *Acacia senegal*. Su preparación está minuciosamente descrita en *De arte illuminandi:*

> Coge goma arábiga blanca y clara, pártela en pedazos pequeños o muélela, métela en un vaso vitrificado y vierte sobre ella tanta agua clara como para cubrirla dos dedos. Déjala un día y una noche, y después ponla sobre cenizas calientes hasta que se disuelva; y como ya hiciste con la cola de gelatina, comprueba también que ésta esté en su punto justo, ni demasiado fuerte ni demasiado débil; después cuélala a través de un trapo, guárdala en una botella y úsala.[9]

La auténtica goma arábiga recibía su nombre porque era importada de oriente medio o de África. Sin embargo, los pintores medievales y renacentistas conocían otros sustitutos más accesibles, porque algunos árboles europeos – como el almendro, el albaricoque, o el ciruelo – producen exudados de características similares.

Los análisis realizados indican que la goma arábiga es el aglutinante empleado en los códices. Todos los espectros FT-IR[10] de los pigmentos de tipo laca (rojos, púrpuras, y amarillos) mostraron con claridad la presencia de goma arábiga. Algunas muestras de verde mostraron también esta misma presencia. La figura 15 indica el espectro FT-IR

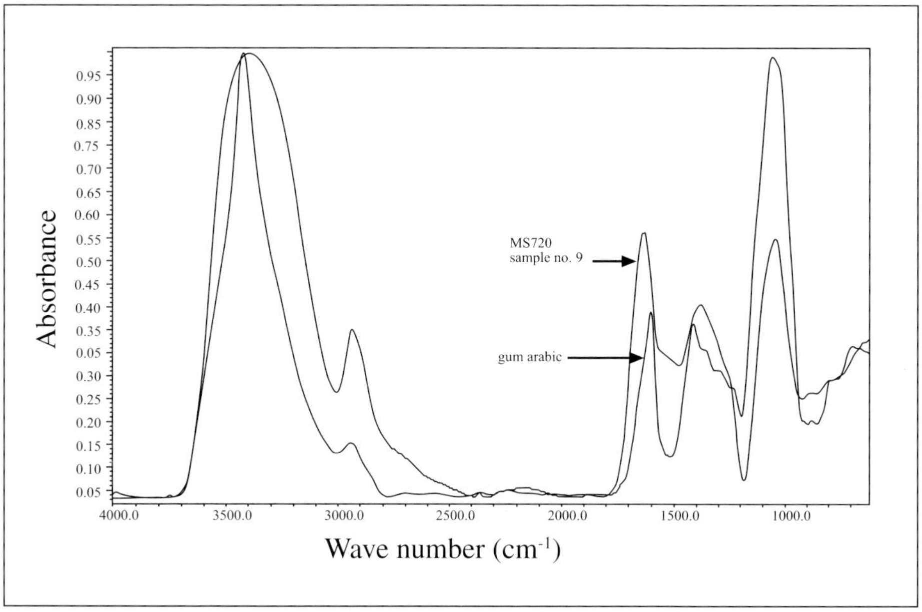

FIG. 15
FT-IR spectrum of the binding media in sample 720/9. The coincidence with the gum arabic standard is not perfect because of the presence of traces of gypsum.

Espectro FT-IR del aglutinante de la muestra 720/9. La coincidencia con el espectro de referencia de la cola de gelatina pura no es perfecta por la presencia residual de yeso.

Binding media

The Renaissance miniature painter had at his disposal several types of binding media for making his paints, such as water-soluble vegetable exudates. The most appreciated was gum arabic, produced from the tree *Acacia senegal*. The preparation of this gum is described in detail in *De arte illuminandi:*

> Take clear white gum arabic and break it into small pieces or grind it. Put it in a glass jar and pour over it as much clear water as is needed to cover two fingers. Leave it one day and one night and then put it over hot ashes until it dissolves; and as you have done with glue, test that this is well-tempered, neither too strong nor too weak, then strain it through a filter, bottle it, and use it.[9]

Authentic gum arabic got its name because it was imported from the Middle East or from Africa. However, medieval painters also knew of more accessible substitute materials, because some native European trees, such as the apricot, almond, and plum, exuded similar gums.

Gum arabic was the medium used to bind the pigments in the Valencia codices. FT-IR spectra[10] were taken of the transparent lake pigments (red, purple, and yellow) and several of the green pigments. All lake spectra clearly showed the presence of gum arabic; some green samples produced similar analytical results. Figure 15 indicates the FT-IR spectrum obtained from sample 720/9 by separating the binding medium from the pigments: the result is a typical gum arabic spectrum with a weak gypsum peak. Similar results were obtained in further media tests studied by FT-IR.

Besides gums, miniaturists could also use gelatin or glue, produced by boiling the bones, cartilage, hooves, and skins of animals. Gelatin is formed principally from collagen and is transparent when pure, although its characteristics vary according to its impurities; in turn, the impurities vary according to the substances used in the gelatin's production, which could be very diverse. The text *Schedula diversarum artius,* written in the late Middle Ages by the monk Theophilus, may be illustrative:

> If you do not have [sturgeon] bladder, cut a thick parchment, and wash and cook [it] in the same way. Or, in the same manner, cook the bladder of an eel, after it has been carefully scraped, cut, and washed. The bones from the head of a dried pike can also be cooked three times, after you have washed them in hot water.[11]

In all cases, however, the resulting substance remains water-soluble and strongly adhesive. It can be obtained from various animal sources and is often referred to according to the original material used, examples being leather-glove or leather-scrap glue, fish glue, rabbit glue, parchment glue, etc. All are essentially the same product: gelatin. Besides gum arabic, the analysis revealed the presence of small amounts of proteins in some samples, which could be interpreted as corresponding to types of gelatin. However, since that presence is infrequent and follows no coherent pattern, it is probably not caused by the use of gelatin as a binding medium, but rather by the transfer of tiny particles of parchment (a proteinaceous material) or size (adhesive) to the paint sample.

obtenido después de separar el aglutinante de los pigmentos presentes en la muestra 9 del Ms. 720. El resultado fue un espectro típico de goma arábiga (la coincidencia no es perfecta debido a la presencia residual de yeso). Este resultado se repitió en la mayoría de los casos estudiados.

Además de las gomas, los miniaturistas pudieron también emplear cola de gelatina, que se produce al cocer en agua huesos, cartílagos, uñas, y pieles de animales. La cola de gelatina está formada principalmente por colágeno, y en estado puro es prácticamente transparente, aunque sus características varían según las impurezas que contenga; las impurezas, a su vez, dependen de las materias primas, que podían ser de origen muy variado. Un texto significativo en este sentido aparece en la *Schedula diversarum artius,* escrita por el monje Teófilo a finales de la Edad Media:

> Si no tienes vesícula [de esturión], corta un pergamino grueso y lávalo y caliéntalo de la misma manera. O del mismo modo, cuece la vesícula de una anguila, cuidadosamente raspada, lavada, y cortada. También puedes cocer tres veces los huesos de la cabeza de un lucio, que antes habrá sido lavado con cuidado en agua caliente.[11]

A pesar de estas variaciones, el resultado en todos los casos es una sustancia soluble en agua y de fuerte poder adhesivo. La denominación que la cola recibe frecuentemente describe la materia prima; por ejemplo, en los textos españoles aparecen mencionadas la cola de guantes (de piel), la cola de retazos (de piel), la cola de pescado, la cola de conejo, y la cola de pergamino, entre otras. Todas ellas son variedades del mismo producto: gelatina.

Además de la goma arábiga, los análisis también indicaron la presencia ocasional de pequeñas cantidades de proteínas en algunas muestras de pintura, que podrian interpretarse como correspondientes a algún tipo de cola de gelatina. Sin embargo, esa presencia no responde a ningún patrón, y tiene un carácter muy puntual, por lo que más bien resulta explicable como impureza causada por el tipo de soporte de las pinturas (pergamino, un material proteínico), y/o por una posible imprimación de gelatina, cuya presencia en trazas es esperable en las micromuestras.

Los dorados

La realización de dorados era una de las más delicadas operaciones de la producción de miniaturas. La extraordinaria fragilidad de las hojas de oro usadas en los dorados exige del miniaturista un tratamiento muy esmerado en su manipulación.[12] Su resistencia es tan poca que en lugar de cortar las hojas en la forma deseada, el artista dibujaba estas formas con adhesivo sobre el pergamino, depositaba la hoja de oro encima, y después eliminaba el sobrante con un pincel u otro medio similar. Todos los procesos descritos en los textos medievales y renacentistas siguen este principio, aunque muestran una gran variedad en cuanto a los materiales empleados y a otros detalles. Por ejemplo, los dorados podían ser planos o en relieve sobre un base de yeso mate – quizá con la intención de hacerlos más perceptibles, o de ofrecer la apariencia del oro macizo. En este caso, previamente a la hoja de oro, se aplicaba una base con volumen. Muy habitualmente, el artista se tomaba la molestia de colorearla en tono rojo, anaranjado, o amarillo (cercano al color del oro); de este modo, proporcionaba al oro una tonalidad más rica (la hoja de oro es tan fina que no resulta enteramente opaca), y hacía más imperceptibles los posibles fallos, irregularidades, u orificios producidos durante la aplicación de la hoja (fig. 16). La aplicación sobre una base en relieve, generalmente de yeso, a veces con tinte de ocre rojo, se da en casi todos los códices napolitanos; la única excepción es el Ms. 405, en el que la hoja de oro se ha aplicado directamente sobre el pergamino – significativamente, la datación probable de este códice es un siglo anterior al resto de las pinturas.

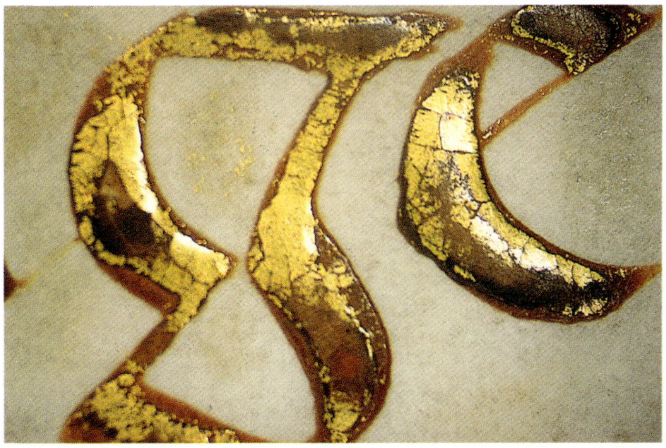

Fig. 16
MS 391, folio 1r, detail. This photomicrograph shows the colored base over which the gold leaf has been applied. The gold is so thin that its hue is affected by the base under it. In addition, the warm brown colors of the base help to disguise areas where gold leaf is missing.

Ms. 391, folio 1r°, detalle. Esta microfotografía permite apreciar cómo se ha coloreado la base sobre la que se aplicó el pan de oro. La hoja de oro es tan delgada que resulta translúcida, por lo que su tono se ve realmente matizado por el color de la base. Además, el color ocre ayuda a disimular las pérdidas y orificios que puedan producirse en la hoja.

Gilding

The technique of applying sheets of gold to a painting required great care.[12] The fine leaves of gold were very delicate, so, rather than cut and shape gold leaves prior to application, artists applied size to the areas of the parchment to be gilded, then laid on sheets of gold. Afterwards, the excess leaf could be brushed off, leaving the desired gilded shape. All medieval and Renaissance texts on gilding follow this principle, although they differ considerably in certain details. For instance, gilding could be applied flat or over a built-up underlayer of gesso (gypsum, or calcium sulfate dihydrate), which made the gold appear thicker and more prominent. Because gold leaf itself was so thin that it was not entirely opaque, a richer golden color could be achieved by tinting the gesso layer. Red, orange, and yellow underpaint layers were popular, as they also helped hide imperfections or faults in the gold leaf (fig. 16). In almost all of the codices, gold leaf was found applied over an inert material, generally composed of gesso and occasionally tinted with red ochre (identified chemically and microscopically). The exception is MS 405, a manuscript believed to have been made a century earlier than the other volumes, in which some of the gold leaf was applied directly on parchment.

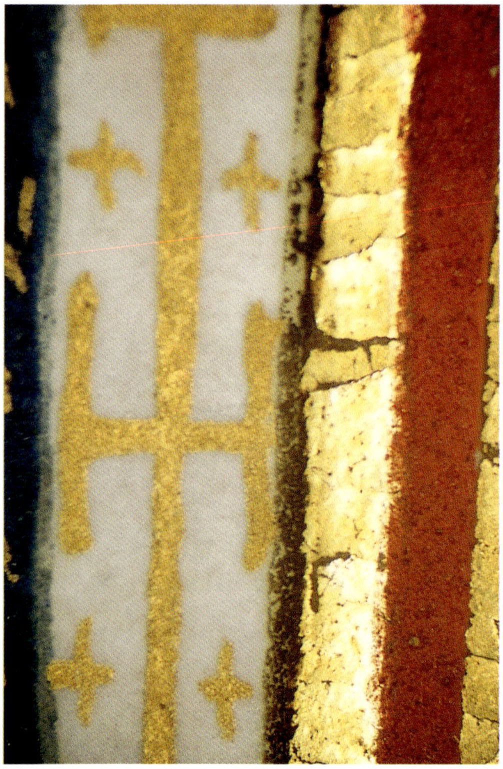

FIG. 17
MS 720, folio 1r, detail. This photomicrograph from the Aragonese coat of arms shows the pure gold both in pigment (left) and in leaf (right).

Ms. 720, folio 1r°, detalle. En esta microfotografía, correspondiente al escudo aragonés, se puede observar el oro puro aplicado en pigmento (en la parte izquierda) y en hoja (en la parte derecha).

The composition of the size used for gilding could vary widely, according to the numerous descriptions that appear in contemporary written sources, although most recipes have gelatin glue as the main element, with other mineral-based earth pigments such as calcium carbonate, lead white, and earth ochres being added quite freely. The thirteenth-century Portuguese treatise *Livro de como se façen as cores* [Book of How to Make Colors] describes various sizes made with gelatin glue alone, with gelatin and slaked lime, and with gelatin and lead white, as well as an adhesive for nonrelief gilding.[13] The size used in the Neapolitan codices contained a gesso underlayer, which explains why calcium appeared prominently in all analyzed samples of gold leaf. All size layers in the codices have a reddish orange surface tone, suggesting the intentional addition of a coloring material. Iron, a component of the mineral-based earth pigments, was present only in sample 55/2, indicating that the superficial orange color of the size was due to another colorant, certainly of organic origin.

The fabrication of the thin gold leaves was also important. In late-medieval and Renaissance Italy, there existed a professional, the *battiloro,* who was devoted exclusively to their production. The technical procedure for making the gold leaves for the codices of the BGHUV differed very little from that described by the monk Theophilus:

> Take some Byzantine parchment, which is made from pieces of wool or linen[14] and on both sides rub the red pigment made by burning very finely ground dry ocher. Then polish it very carefully with the tooth of a beaver, bear, or boar, until it becomes transparent and the pigment adheres as a result of the friction. Then cut this parchment with scissors into four square pieces, four fingers wide and equally long.
>
> After this, make a pouch of the same size out of calf vellum and sew it together firmly. Make it large enough to be able to hold several pieces of the parchment rubbed with red pigment. Once this has been done, take pure gold and hammer it on a smooth anvil, taking care not to break it, then cut it into four square pieces, of two fingers' length. Put a piece of gold in the pouch between two sheets of the reddened parchment, then another piece of gold and another piece of

También la composición de los adhesivos para dorados era muy variada, según las numerosas descripciones que aparecen en las fuentes escritas de la época, aunque la mayor parte de recetas contienen como ingrediente principal cola de gelatina, a la que se añaden aditivos de muy distinta naturaleza, como carbonato cálcico, blanco de plomo, y tierras ocres. Por ejemplo, el *Livro de como se façen as cores* describe una base de cola de gelatina pura, otra base de cola con cal apagada, una de cola con blanco de plomo, y un adhesivo para dorar sin relieve.[13] En los códices napolitanos, la base está preparada con yeso, lo que explica la abundante presencia de calcio en las muestras de hoja dorada analizada. Sin embargo, el hierro, que es característico del ocre y otras tierras rojas, sólo aparece en la muestra 55/2, a pesar de que las bases de dorado en los códices normalmente presentan en su superficie un tono rojizo anaranjado. Por lo tanto, ese color es debido a otro tipo de colorante, con toda certeza de origen orgánico.

La elaboración de las finísimas hojas de oro es también importante; en la Italia bajomedieval y renacentista, existía un profesional, el *battiloro*, dedicado exclusivamente a ello. El proceso técnico de elaboración de las hojas de oro de los códices de la BGHUV no puede haber sido muy distinto del descrito por Teófilo:

> Coge algo de pergamino bizantino, que está hecho de retazos de lana o lino,[14] y espolvoréalo por cada lado con el pigmento rojo que se hace quemando ocre seco finamente molido. Entonces brúñelo cuidadosamente con el diente de un castor, oso, o jabalí, hasta que se vuelva transparente y los pigmentos se adhieran por la fricción. Entonces, corta este pergamino con tijeras, en cuatro piezas cuadradas, de cuatro dedos de ancho e igual largo.
>
> Después de esto, haz una especie de bolsa de pergamino de ternero del mismo tamaño y cóselo firmemente con espacio suficiente para que seas capaz de meter en él varias piezas de pergamino con los pigmentos rojos. Una vez hecho esto, coge oro puro y golpéalo con un martillo sobre un yunque suave, con cuidado para que no se rompa, y córtalo en cuatro piezas cuadradas, de dos dedos de largo. Entonces, pon en la bolsa una pieza de oro entre los pergaminos, y entonces otra pieza de oro, y otro trozo de pergamino, y continúa haciendo esto hasta que la bolsa esté llena, de modo que el oro esté siempre entre los pergaminos. Luego, coge un martillo forjado en latón, estrecho cerca del mango y ancho en el otro extremo, y golpea la bolsa con él en una piedra grande y suave, ligeramente, no de forma pesada. Después de frecuentes inspecciones, decidirás si quieres el oro completamente fino o moderadamente grueso. Si el oro se extendiese demasiado al adelgazar, y excediera el tamaño de la bolsa, córtalo con unas pequeñas tijeras hechas con este fin.
>
> Ésta es la preparación de la hoja de oro. Cuando las has hecho finas de acuerdo con lo que deseas, corta tantas piezas como quieras con las tijeras y con ellas haz los halos en torno a las cabezas de las figuras, las estolas y otros ropajes, y lo demás, como quieras.[15]

Sin embargo, en los códices napolitanos no siempre se ha aplicado el oro en forma de hojas. En algunos lugares, podemos observar un tipo de pigmento de oro que ha sido aplicado como pintura (es decir, en forma de pigmento mezclado con un aglutinante fluido) (fig. 17); es el caso de las muestras 44/9 y 47/11. Convertir el oro en un pigmento (es decir, reducirlo a un polvo lo suficientemente fino como para aplicarlo con pinceles o plumas) es algo bastante más complicado de lo que parece a primera vista. Su propia maleabilidad hace complicada esta operación – sería como intentar moler una bola de arcilla blanda. Teófilo, quien describió en su *Schedula* el diseño de una máquina pensada específicamente para este cometido, incluyó un párrafo muy ilustrativo al respecto:

> Pero el oro debe ser cuidadosamente molido, y debe ser examinado muy a menudo, para prevenir que pueda pegarse fuertemente a los engranajes o a la manivela y forme un conglomerado, porque es más suave que otros metales.[16]

Para solucionar este problema, se desarrollaron una serie de ingeniosos métodos, como amalgamar el oro con mercurio (el mercurio era eliminado tras el molido, por calentamiento y evaporación), o molerlo junto con un elemento abrasivo y soluble, como la sal (que luego era eliminado por disolución).[17]

Oro mosaico, o "aurum musicum"

Un manuscrito de especial interés entre los estudiados es el Ms. 47, las *Quaestiones de spiritualibus creaturi sancti* de Santo Tomás de Aquino, cuyas pinturas podemos atribuir documentalmente a Rabicano. Hemos visto ya que las miniaturas contienen oro puro aplicado como pigmento, tal y como confirma el análisis de la muestra 47/11, tomada de la orla del folio 11º. Sin embargo, si estudiamos la pintura más cuidadosamente, podremos observar que las miniaturas del códice incluyen una pintura dorada ligeramente distinta – más oscura, menos brillante. En la orla del *incipit* (el

parchment, and continue doing so until the pouch is filled and the gold is always in between parchment. Take a brass hammer, narrow near the handle and broad at the face, and hammer the pouch against a large, flat, smooth stone – lightly, not heavily. After frequent inspections, you will decide whether you want to make the gold completely thin or moderately thick. If the gold spreads too much as it is thinned and extends out of the pouch, cut it off with small scissors made for this purpose.

This is how gold leaf is prepared. When it has been thinned to your liking, cut with the scissors as many pieces of it as you wish, and with them ornament the halos around the heads of figures, the mantles and other robes, etc., as you like.[15]

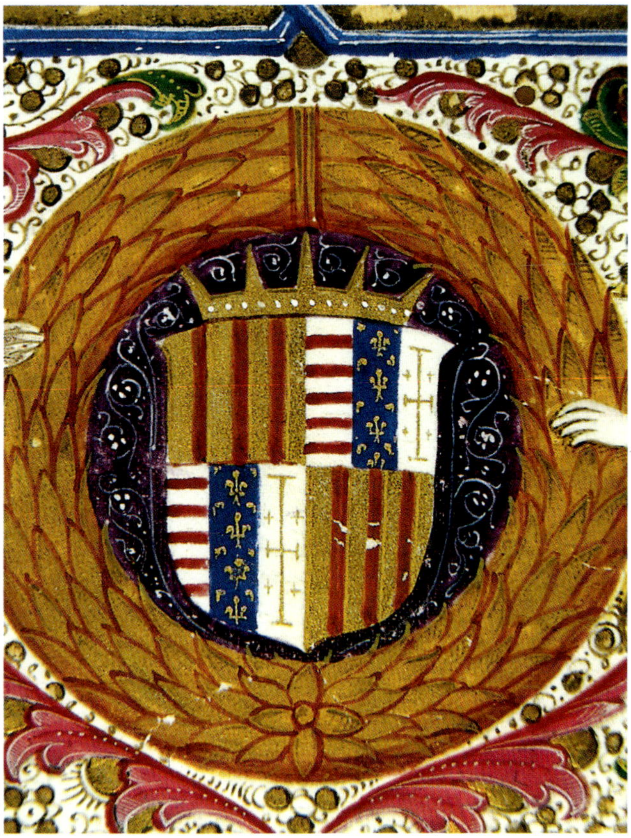

Fig. 18
MS 47, folio 1r, detail. The vegetal decoration that surrounds the coat of arms of Ferdinand I of Naples has been painted with mosaic gold, while the vertical bars in the coat of arms itself, as well as the other decorative elements, are pure gold.

Ms. 47, folio 1r°, detalle. La corona vegetal que circunda el escudo de Fernando I de Nápoles ha sido pintada con oro mosaico, mientras que las barras verticales del propio escudo, y otros elementos decorativos adyacentes, han sido realizados con oro puro.

In the codices studied, gold has not always been applied in leaf form. In some instances, it is possible to observe a type of gold pigment applied in paint form – that is, as pigment particles mixed with a liquid agglutinate (fig. 17). Such is the case in samples 44/9 and 47/11. The conversion of gold to pigment (i.e., to a powder sufficiently fine to be applied with a brush or pen) is much more complicated than it seems at first glance. Gold's own malleability resists all simple means to reduce it to fine particles; it would be like trying to grind a ball of potter's clay. Theophilus described in his *Schedula* a machine specifically designed for grinding gold, and included an illustrative piece of advice:

> But gold must be very carefully ground, and must be examined often to prevent it from sticking to the gears or the crank, forming an agglomerate, because it is softer than other metals.[16]

A series of ingenious techniques were devised to solve this problem, such as amalgamating gold with mercury (the mercury was removed by heating and evaporation after grinding was complete), or grinding gold together with some rough and soluble element, such as salt (which was afterward rinsed away).[17]

Mosaic gold

One manuscript of particular importance because of the presence of golden pigments is MS 47, the *Quaestiones de spiritualibus creaturi sancti* by Saint Thomas Aquinas, a manuscript which, based on the records from the court of Naples, is firmly attributed to Cola Rabicano. The analysis of sample 47/11, taken from the border of folio 1r, confirms that miniatures of this codex contain pure gold, applied in pigment form. However, careful examination reveals a second type of golden decoration in the miniatures – a gold paint that differs in appearance, being more subdued, less brilliant. This is found together with authentic gold in the border of the frontispiece (fig. 18), while in the capital letters of the interior manuscript no other type of gilding is found (fig. 19). Through analysis, these samples were identified as the extremely rare and overlooked pigment mosaic gold, or *aurum musicum* (tin sulfide, SnS_2). This discovery is particularly interesting because mosaic gold has rarely been identified in actual artworks,[18] even though it is mentioned in numerous original recipes of the fifteenth century.[19]

In fact, its fabrication was relatively simple, and basically consisted of heating together sulfur and tin. One of the briefest recipes is offered by Cennini:

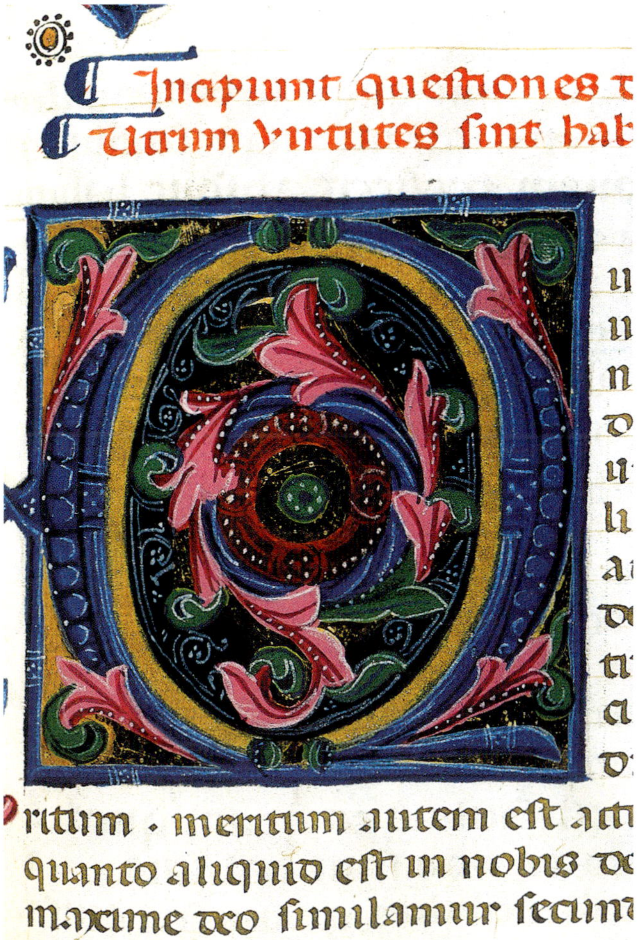

Fig. 19
Mosaic gold has been identified through optical and electron microscopy and chemical analysis in one of the capitals of MS 47, and its typical ochre hue can be seen in every one. This figure shows the capital of folio 129v, whose long *O*-shaped ring is painted with mosaic gold.

El oro mosaico ha sido identificado mediante microscopía óptica y de electrones y por análisis químico en una de las capitales del Ms. 47, y su característica tonalidad ocre puede observarse en todas las demás. Esta fotografía muestra la capital del folio 129v°; el gran trazo dorado en forma de 'O' que rodea el interior de la capital ha sido pintado con oro mosaico.

frontispicio) del codice, es posible encontrarla junto al oro auténtico (fig. 18), mientras que en las capitales del interior del manuscrito, aparece sin ningún otro tipo de dorado (fig. 19). Una vez analizada, esta pintura ha resultado ser un pigmento raro y poco frecuente: *aurum musicum*, u oro mosaico (sulfuro de estaño, SnS_2). Su descubrimiento aquí es relevante porque sólo ha sido identificado en muy contadas ocasiones,[18] a pesar de que aparece mencionado en numerosos textos del siglo XV.[19]

Su fabricación era relativamente sencilla, y en esencia consistía en calentar conjuntamente azufre y estaño. Una de las recetas más breves nos la ofrece Cennini:

> De un color semejante al oro, llamado *purpurina*, y de qué forma se prepara. Ahora te quiero mostrar un color semejante al oro, apropiado para decorar miniaturas sobre papel y también sobre tabla; ... Este color de purpurina se prepara de la forma siguiente: toma sal amónica, estaño, azufre, y mercurio, tanto del uno como del otro, pero menos del mercurio. Coloca todo ello en un frasco de hierro, de cobre, o de vidrio. Fúndelo todo al fuego; y ya está preparado.[20]

Según Thompson, el oro mosaico era una imitación del oro.[21] Sin embargo, los colores de ambos son bastante distintos; el oro mosaico difícilmente puede ser confundido con el oro, y en consecuencia debe ser considerado como un pigmento apreciable por su propio color. De

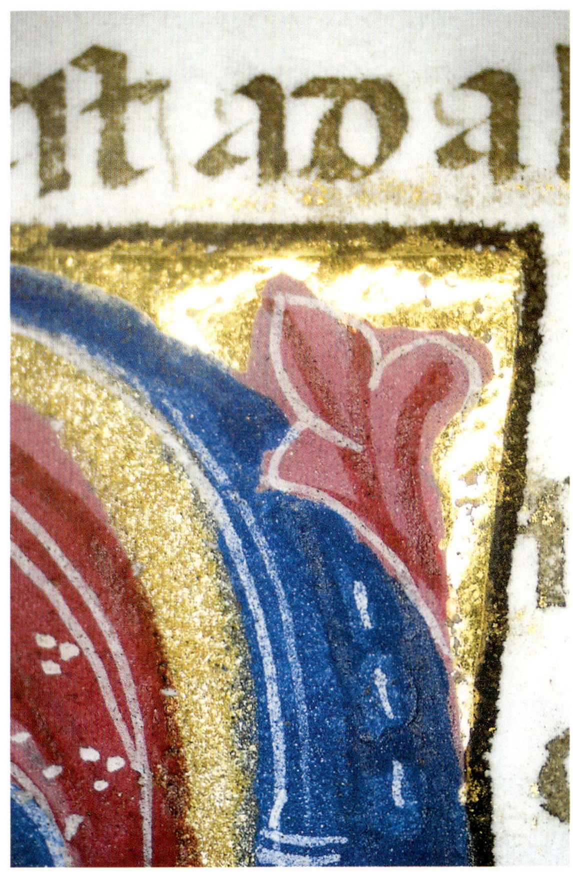

Fig. 20
MS 47, folio 45r, detail of the capital. The triangular golden zone is pure gold; the curved golden trace is mosaic gold (SnS_2).

Ms. 47, folio 45r°, detalle de la letra capital. La zona dorada triangular es oro puro; el trazo curvo dorado es oro mosaico (SnS_2).

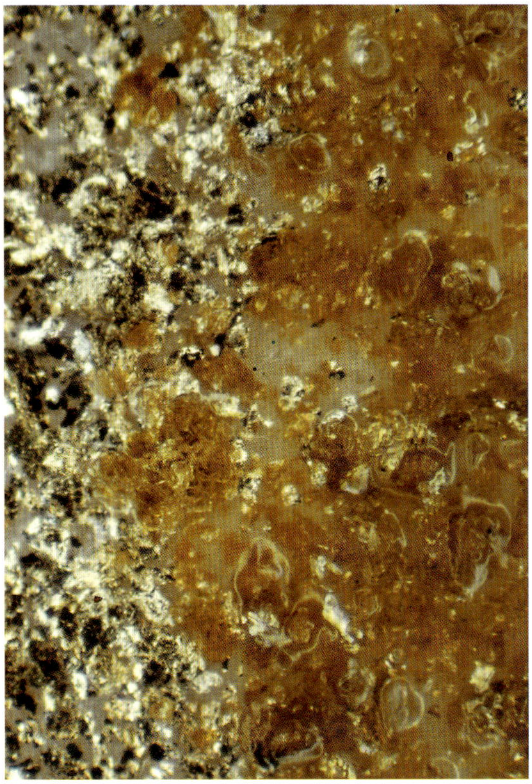

Fig. 21
The difference between pure gold paint (left) and mosaic gold (right) can be observed in this photomicrograph (30x). The paints were prepared with pigments from the Forbes Collection of the Straus Center for Conservation, and were bound with gum arabic.

La diferencia entre las pinturas de oro puro (izquierda) y de oro mosaico (derecha) se pueden apreciar en esta microfotografía (30x). Las pinturas han sido preparadas con pigmentos procedentes de la colección Forbes del Straus Center for Conservation; el aglutinante es goma arábiga.

> On a goldlike color, named *porporina,* and how it is made. I want to show you a color similar to gold, good for painting in miniature and on panels too; ... This color *porporina* is prepared in the following manner: take ammoniac salt, tin, sulfur, and mercury, as much of one as of the other, except for less of the mercury. Put all these things in a flask made of iron, copper, or glass. Melt them all in the fire, and it is done.[20]

Thompson considers mosaic gold to be an imitation of pure gold.[21] However, the colors of the two are distinct. Mosaic gold could not have been easily mistaken for gold, and consequently should be considered a separate pigment, valued in its own right. In fact, in MS 47, applications of gold paint and mosaic gold appear side by side, with each color clearly distinguishable (figs. 20 and 21). Had the artist merely wished to cut costs, he could have blended the two materials together to dilute his supply of pure gold. The deliberate juxtaposition of mosaic gold and pure gold argues for the artist's conscious choice of two materials of similar appearance to produce subtle aesthetic effects. This is the conclusion also reached by Ross in the examination of the *Hours 10* by the Humanities Research Center in Austin,[22] and by Richter and Harlin in the case of the *Stuttgarter Kartenspiel* of the Württembergisches Landesmuseum.[23]

Because it is so rare, the presence of mosaic gold can be easily overlooked, but once suspected, it is relatively simple to confirm by means of optical microscopy (fig. 22). Mosaic gold appears more bronze in color than golden and can be distinguished from true gold by close examination. It has received different denominations: the name *aurum musicum* is used in the *Livro de como se façen as cores,* but it has also been referred to as *aurum mosaicum, aurum musivum, purpurine,* or even *Judengold* ("Jewish gold").

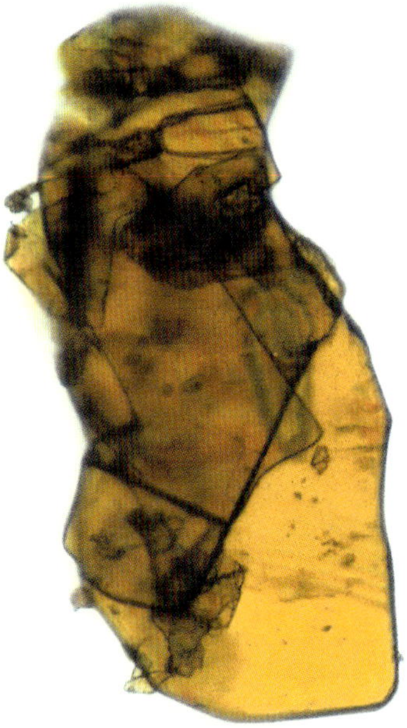

Fig. 22
Photomicrograph of a particle of mosaic gold (400x) from the Forbes Collection of the Straus Center for Conservation. Note the typical laminated shape and lively golden color of the pigment when observed in transmitted light.

Microfotografía de una partícula de oro mosaico (400x) de la colección Forbes del Straus Center for Conservation. Obsérvese la característica morfología laminar, y el vivo color dorado que presenta este pigmento cuando se observa mediante iluminación transmitida.

hecho, en el Ms. 47, ambos han sido aplicados en zonas contiguas, y resulta sencillo distinguirlos (figs. 20 y 21). Esta yuxtaposición desmiente cualquier posible intención fraudulenta por parte del artista, para quien hubiera sido mucho más simple (y seguro) mezclar los dos pigmentos. Por esta razón, es posible afirmar que el oro mosaico fue empleado por su propio valor colorante, y no como un sustituto del oro – una conclusión similar a la alcanzada por Ross con relación al códice *Hours 10* del Humanities Research Center, en Austin,[22] y por Richter y Harlin con relación al *Stuttgarter Kartenspiel* del Württembergisches Landesmuseum.[23]

La identificación del oro mosaico no es simple, por su propia rareza, pero una vez sospechada su presencia, es relativamente sencillo confirmarla mediante microscopía óptica (fig. 22). El oro mosaico tiene un tono más apagado y próximo al bronce que el oro auténtico, y presenta un aspecto característico. *Aurum musicum* es la denominación que aparece en el *Livro de como se façen as cores,* pero podemos encontrarlo bajo otros nombres: *aurum mosaicum, aurum musivum, porporina,* e incluso *Judengold* ("oro judío").

La plata

La plata está presente en varios manuscritos; por ejemplo, en el Ms. 44 aparece en hoja en un medallón metálico en una letra capital (fig. 23), mientras que en el Ms. 758 se da como pigmento en el ala de un ángel. Sin embargo, su aspecto actual no es plateado, sino negro mate en todos los casos, lo que desvirtúa completamente el aspecto original de la pintura. Esta transformación es especialmente dramática en el folio 1r° del Ms. 691, en el que toda la decoración vegetal de la orla que rodea el texto fue realizada en hoja de plata (véase la figura 7). Un efecto similar se puede ver en la armadura y el casco del soldado dormido que aparece en el folio 1r° del Ms. 391 (fig. 24).

El oscurecimiento de la plata es debido a la combinación con el azufre de la atmósfera, que produce sulfuro de plata. Este es un fenómeno bien conocido desde antiguo,[24] y no debe atribuirse a los altos niveles de polución alcanzados en el siglo actual, porque la combustión de los materiales orgánicos empleados en velas, lámparas de llama, y antorchas, que durante muchos años fueron las únicas fuentes de luz artificial disponibles, también produce elementos contaminantes. Diversos testimonios escritos y fotográficos indican que el oscurecimiento de la plata de los manuscritos ya se había producido a principios de nuestro siglo.[25]

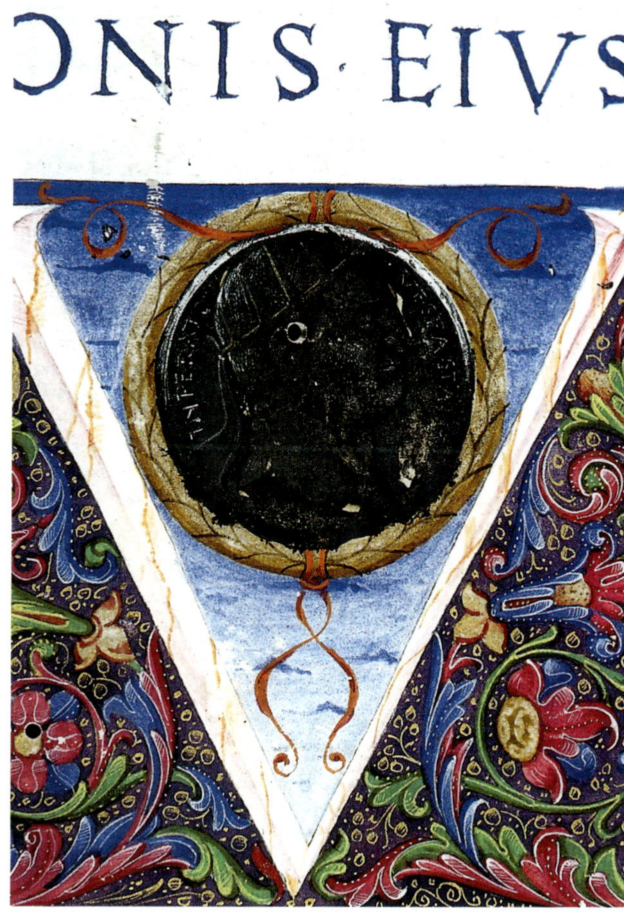

FIG. 23
MS 44, folio 1r. The conversion of silver into black silver sulphide has radically altered the original appearance of this painting.

Ms. 44, folio 1r°. La transformación de la plata en sulfuro de plata negro ha cambiado radicalmente el aspecto original de esta pintura.

Pigmentos y su fabricación

Hoy día es difícil imaginar a un artista fabricando sus propias pinturas, pero en el Renacimiento ésta era una de las más importantes tareas del proceso artístico, y aún siguió siéndolo durante mucho tiempo después. El artista, o un asistente, tenía que moler el color hasta alcanzar el grado deseado de finura, y después debía mezclarlo con el aglutinante en la proporción adecuada. El tipo y la cantidad de aglutinante tenían una influencia crucial en el aspecto visual de la obra. Rabicano, o más probablemente, un aprendiz, tuvo que completar a mano el molido de cada uno de los pigmentos; esta operación se realizaba sobre una piedra muy dura (preferiblemente de pórfido), lisa, y pulida.

Muchos textos antiguos describen distintos procesos de molido para cada tipo de pigmento. Algunos, como los negros de carbono, apenas requerían trabajo en este sentido,

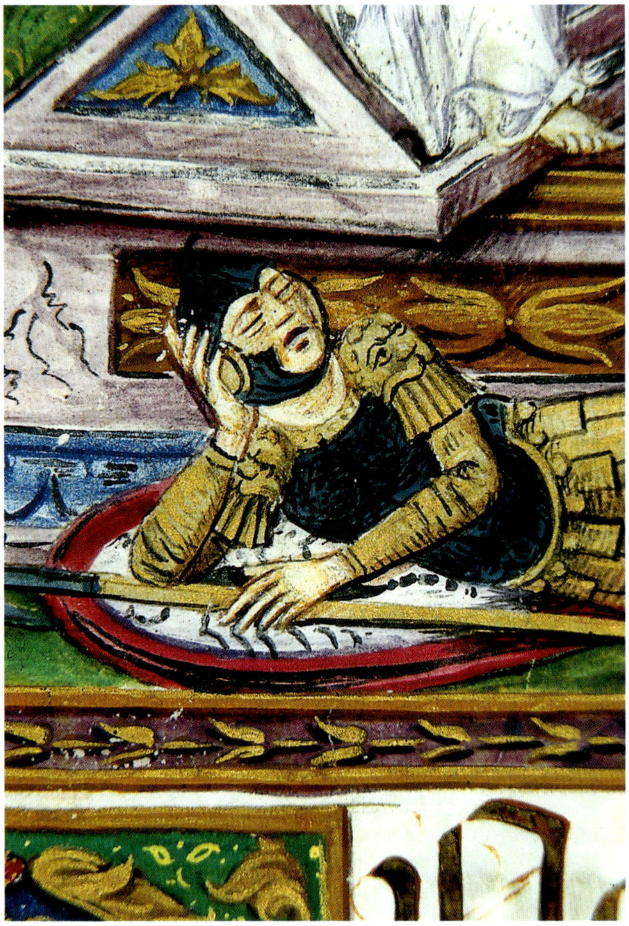

FIG. 24
MS 391, folio 1r. The armor and helmet of the sleeping soldier were originally bright silver; currently they show dark gray as a result of the silver's blackening.

Ms. 391, folio 1r°. La armadura y el casco del soldado dormido eran originalmente de un brillante color plateado; actualmente, presentan un aspecto obscuro debido al ennegrecimiento de la plata.

Silver leaf

Silver is present in several manuscripts; for instance, in MS 44 it appears as leaf in a metallic medallion in a capital letter (fig. 23), while in MS 758 it appears as pigment in an angel's wing. However, by now the silver has been transformed into a matte black compound, thus changing the original aspect of the painting. This transformation is especially dramatic in folio 1r of MS 691, in which all the vegetal decoration in the border surrounding the text was done in silver leaf (see fig. 7). A similar effect can be seen in the armor and helmet of the sleeping soldier that appears in folio 1r of MS 391 (fig. 24).

The darkening of silver is caused by its combination with atmospheric sulfur, producing silver sulfide. This phenomenon was known in Renaissance times[24] and is not necessarily related to present pollution levels, since the combustion of organic materials in candles, oil lamps, or torches, which for many years were the only artificial lights, produces pollutants that are also damaging. Several photographs and written accounts show that the darkening of the silver in the Neapolitan manuscripts had already taken place in the beginnings of our century.[25]

Pigments and their fabrication

It is difficult to imagine a modern artist fabricating his own paints, but this was one of the most important tasks in an artist's workshop during the Renaissance, and for a long time afterward. An artist or assistant had to grind the pigments to the desired degree of fineness and mix them with the proper amount of medium; the quality and quantity of pigment and medium played a crucial role in determining the visual effect. Rabicano or, more likely, one of his apprentices, had to grind each of the pigments by hand, using a hard and smooth stone, preferably porphyry.

Many medieval and Renaissance texts describe the grinding process, pigment by pigment. Some of the pigments, such as carbon black, scarcely needed to be ground because they could be obtained as a fine powder. Some, like azurite, required an exact degree of grinding, because excessive fineness or coarseness could seriously affect the final color, even rendering a costly pigment useless. Other pigments, for example vermilion, could be ground incessantly without impairing their chromatic quality; in fact, in the case of vermilion, its red color was improved by grinding.

Whites

The use of lead white as a pigment dates back to antiquity, and until the nineteenth century, lead white was the only white pigment available with the degree of opacity and purity required by painters.[26] Lead white is a basic carbonate of lead whose formula is $2PbCO_3 \cdot Pb(OH)_2$. Its source in nature is the mineral hydrocerussite, while pure lead carbonate ($PbCO_3$) derives from the mineral cerussite. However, these minerals were not used by artists as sources for white pigment; on the contrary, the lead white used by artists was always obtained artificially. Its method of preparation has long been known, and with few variations, has endured for centuries. Theophilus describes its fabrication as follows:

porque ya eran obtenidos como polvo fino. Otros, como la azurita, necesitaban un importante y preciso grado de molido, porque un error, tanto por exceso como por defecto, podía perjudicar seriamente el producto final, o incluso echar a perder una costosa materia prima. Otros pigmentos, como el bermellón, podían sin embargo ser molidos incesantemente sin perjudicar su color – de hecho, la tonalidad del bermellón mejoraba cuanto mayor era su grado de molido.

Blancos

El blanco de plomo se conoce desde la antigüedad, y hasta el siglo XIX fue el único pigmento blanco que ofrecía a los pintores el grado de opacidad y pureza requerido para la mayoría de usos pictóricos.[26] El blanco de plomo es un carbonato básico de plomo cuya fórmula es $2PbCO_3 \cdot Pb(OH)_2$. Este compuesto, así como el carbonato de plomo puro ($PbCO_3$), aparecen en la naturaleza formando respectivamente los minerales hidrocerusita y cerusita. Sin embargo, los artistas no los empleaban como fuente de pigmento; por el contrario, todo el blanco de plomo empleado en pinturas era de origen exclusivamente artificial. El método de elaboración se conoce desde la antigüedad y, con pocas variaciones, siguió vigente hasta nuestro siglo. El monje Teófilo describe su preparación de la manera siguiente:

> Si vas a hacer cerusa, coge algunas planchas de plomo y bátelas hasta hacerlas finas y ponlas juntas, secas, en una pieza de madera excavada …, y vierte vinagre templado, u orina, y cúbrelo. Después, tras un més, quita la tapa y recoge cualquier blanco que haya, y coloca lo demás como al principio.[27]

En realidad, este sistema no producía carbonato de plomo, sino acetato de plomo, que después se carbonataba al entrar en contacto con el aire; para acelerar esa carbonatación, era frecuente calentar el acetato.

Este pigmento presenta ciertos problemas de estabilidad, porque se combina fácilmente con el azufre del aire, convirtiéndose en sulfuro de plomo. El sulfuro de plomo tiene un color oscuro, de modo que muchas zonas pintadas originalmente con este pigmento presentan un aspecto distinto del original (fig. 25). Además, también puede combinarse con el oxígeno, transformándose en dióxido de plomo (plattnerita, PbO_2), con similares consecuencias sobre el color.

El blanco de plomo es el único pigmento blanco encontrado en los manuscritos. En ocasiones, ha aparecido mezclado con otros pigmentos, como amarillo de estaño y plomo, lacas rojas, azul ultramarino, malaquita, verde verditer, o rojo de plomo. Las partículas de blanco de plomo son fácilmente discernibles mediante microscopía óptica de polarización, dado su pequeño tamaño, su morfología homogénea, y su alta birrefringencia.

El yeso (sulfato de calcio dihidratado) ha sido abundantemente usado en todos los códices, pero no como pigmento, sino como base para las hojas metálicas de oro o plata. La calcita (carbonato de calcio) sólo ha sido encontrada en una ocasión, como base de la laca púrpura del Ms. 47.

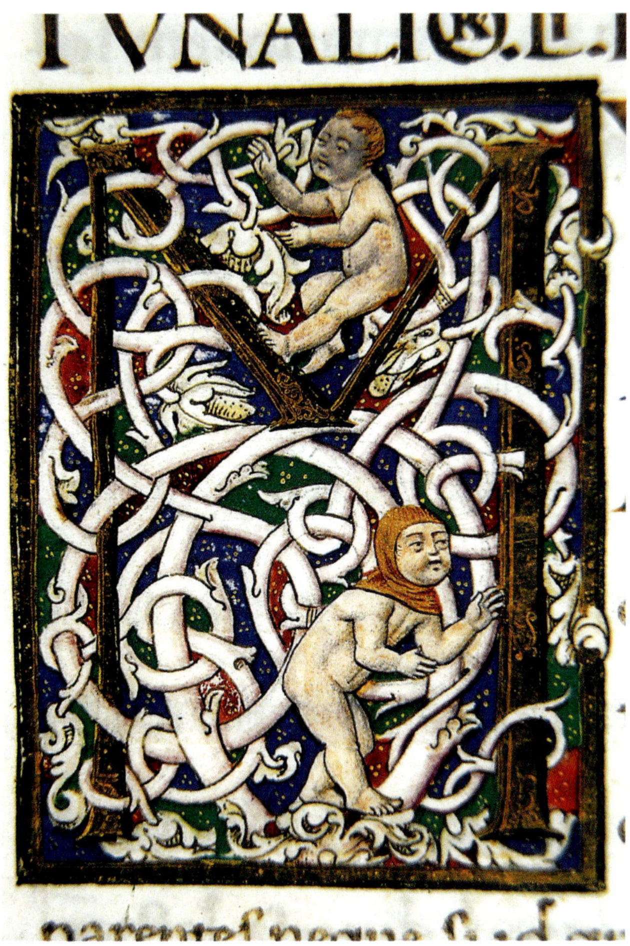

FIG. 25
MS 55, folio 1r, detail. The darkening of lead white can be observed in the head of the putto in the upper side of this capital, which measures approximately 3 x 2 in.

Ms. 55, folio 1r°, detalle. En esta capital, que mide aproximadamente 7 por 5 centímetros, se puede observar una mancha oscura sobre la cabeza del amorcillo superior, causada por el progresivo oscurecimiento del blanco de plomo.

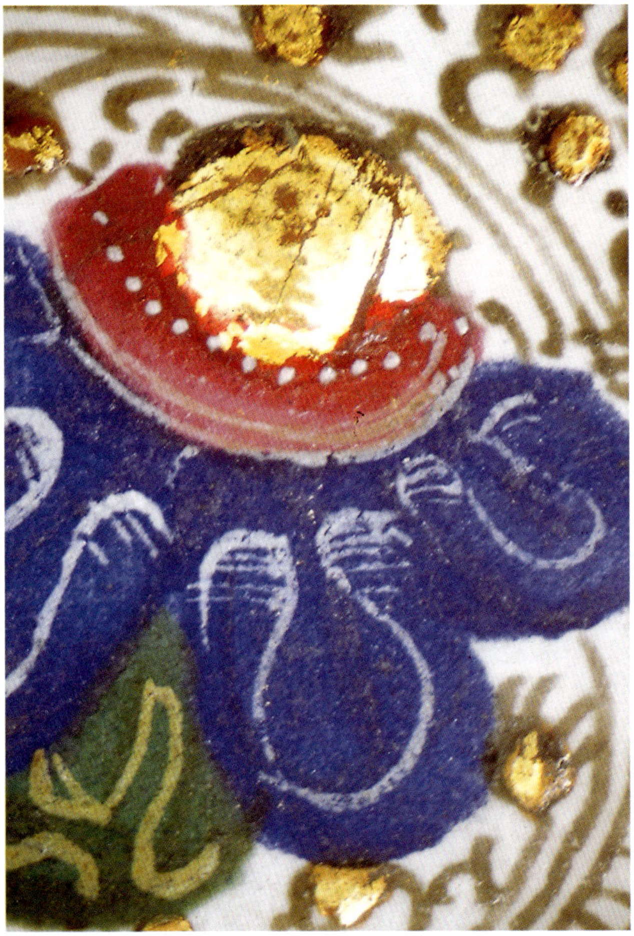

Fig. 26
MS 887, folio 115r, detail. Ultramarine blue loses color intensity as its particles become smaller. Therefore, it is often ground more coarsely than other pigments, and usually produces a rougher surface when applied in a paint, as can be seen in this photomicrograph.

Ms. 887, folio 115r°, detalle. El color del azul ultramarino pierde intensidad conforme disminuye el tamaño de sus partículas. Por ello, se solía moler menos finamente que otros pigmentos, lo que producía películas de superficie típicamente rugosa, como la que se puede observar en esta microfotografía.

> If you are going to make lead white, take some sheets of lead, beat them to make them fine and place them together, dry, in a hollowed piece of wood . . ., and pour warm vinegar or urine over it and cover it. Then, after one month, take off the cover and collect whatever white there is, and place the rest as before.[27]

This method did not actually produce lead carbonate, but rather lead acetate, which was later carbonated upon contact with the air. The carbonation could be accelerated by heating the lead acetate.

The lead content of the pigment presents problems of stability, as lead reacts easily with gaseous sulfur present in the atmosphere, converting lead carbonate to lead sulfide over time. Lead sulfide is black in color, and contaminated areas originally painted white take on the dark appearance of the new compound (fig. 25). Lead carbonate can also combine with oxygen, thus forming black lead dioxide (plattnerite, PbO_2), with similar consequences for the paintings.

Lead white was the only white pigment found in the manuscripts. Occasionally it was mixed with other pigments, such as lead tin yellow, red lake, ultramarine, malachite, green verditer, or red lead. The individual pigment particles are easily distinguishable in polarized light microscopy because of their small, homogeneous size, and their high birefringence.

While not a pigment per se, gesso, or gypsum, was used extensively in all the manuscripts as a preparation layer. It was also applied thickly under leaves of gold and silver to give slight volume to ornamented areas. The presence of calcite (calcium carbonate) was noted on only one occasion, as a substrate for the dye of the purple lake found in MS 47.

Blues

Lapis lazuli is a natural silicate of aluminum, sodium, and sulfur whose approximate formula is $Na_{10-x}Al_6Si_6O_{24}S_x$. (The proportions of aluminum, silicon, and oxygen are fixed, while those of sodium and sulfur can vary.) In the Middle Ages and Renaissance, lapis lazuli was used to make an intense and highly prized blue pigment; because it had to be imported from Afghanistan, it was called ultramarine (that is, "beyond the sea"). Ultramarine blue was a most valued material in Rabicano's time, second in price only to gold. Today it is hard to imagine that paint of a given color could have had a material value, and not just an aesthetic and iconographic meaning, but we cannot ignore that fact if we want to understand a pictorial work thoroughly. For instance, it must be borne in mind when contemplating the Neapolitan miniatures that the pages decorated with lapis and gold signify luxury, wealth, and indeed, power and influence. Numerous documents exist to attest to the importance of material value in the artists' conception and the patrons' reception of the artwork.[28]

Lapis lazuli could produce a color of great beauty and intensity if its impurities were carefully eliminated. The usual methods of grinding, washing, and filtering used in the preparation of other mineral pigments were inadequate, since they

Azules

El lapislázuli es un silicato natural de aluminio, sodio, y azufre, cuya fórmula aproximada es $Na_{10-x}\,Al_6Si_6O24S_x$ (las proporciones de azufre y sodio son variables). Durante la Edad Media y el Renacimiento, se usó para elaborar un pigmento azul que se conocía como azul *ultramar* (es decir, "del otro lado del mar") porque sólo se podía conseguir importándolo de Afganistán. Su costo era altísimo: su valor pecuniario sólo era inferior al del oro. Hoy día nos resulta difícil imaginar que una pintura de un color determinado pueda haber tenido un valor primordialmente material y no sólo estético o iconográfico, pero no podemos ignorar el hecho si queremos entender una obra pictórica de la forma más completa posible. Así, al contemplar las miniaturas napolitanas, debemos tener presente que al igual que el oro, las zonas pintadas con lapislázuli eran signos de lujo material y de riqueza – quizá incluso de ostentación y poder. Conocemos numerosos datos y anécdotas que ilustran hasta qué punto el valor material de este pigmento podía afectar el modo en el que los artistas concebían sus obras – y en que los contemporáneos las contemplaban.[28]

El lapislázuli producía un color bellísimo, de gran intensidad, siempre que se limpiasen cuidadosamente sus impurezas. Para ello resultaban poco adecuados los sencillos procesos de molido, lavado, y filtrado que se empleaban en la elaboración de otros pigmentos de origen mineral. Así, se desarrollaron técnicas especiales, basadas en el decantado repetido del mineral o en la producción de una pasta con resinas y ceras que permitía separar las impurezas del mineral. El azul ultramar ya elaborado se dividía en calidades según su pureza e intensidad de color; el de peor calidad, más cercano ya al gris que al azul, era llamado en Italia *biadetto d'oltremare.*

El lapislázuli además exigía del pintor un gran cuidado a la hora de molerlo, porque si se molía excesivamente, se tornaba grisáceo y pálido. Es fácil observar cómo las zonas pintadas con este pigmento presentan un aspecto mate y rugoso, debido al tamaño de las partículas (fig. 26).

El ultramarino es el pigmento azul dominante en los manuscritos. En el Ms. 44 está mezclado con blanco de plomo y una laca roja para producir un color violáceo, pero esto constituye una excepción, porque raramente aparece en combinación con otros pigmentos, incluso en los casos en los que el pintor intentó conseguir tonos distintos del ultramarino natural. Dos ejemplos notables aparecen en el caso del cielo en el folio 1r° del Ms. 758, o el del folio 1r° del Ms. 391, en los que el miniaturista (probablemente Majorana en ambos casos) prefirió aplicar el ultramarino muy diluido en lugar de mezclarlo con un pigmento blanco (fig. 27).

La mayor parte de las zonas azules fueron pintadas con ultramarino, pero en los Mss. 405, 413, y 758 (ninguno de los cuales ha sido pintado por, o atribuido a, Cola Rabicano), también se ha empleado la azurita. Éste es un carbonato básico de cobre cuya fórmula es $2CuCO_3\cdot Cu(OH)_2$, y que comparte muchas de las características físicas del ultramarino – aunque la azurita produce un color menos vivo,

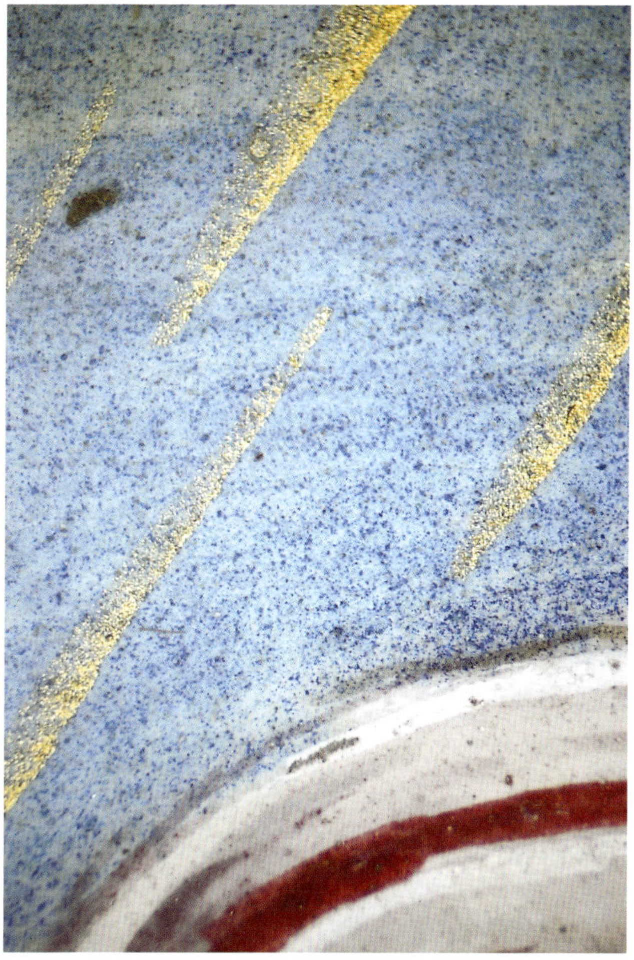

Fig. 27

To paint the sky, the artist who created the frontispiece in MS 391 preferred to apply a wash of the highly valued pigment ultramarine blue, rather than mixing it with white. Ultramarine was not finely ground, and individual particles are easily discernible.

Para pintar el cielo, el autor del frontispicio del Ms. 391 prefirió aplicar una aguada del valioso azul ultramarino en vez de mezclarlo con blanco. El ultramarino no fue molido finamente, por lo que las partículas individuales de pigmento se pueden distinguir casi a simple vista.

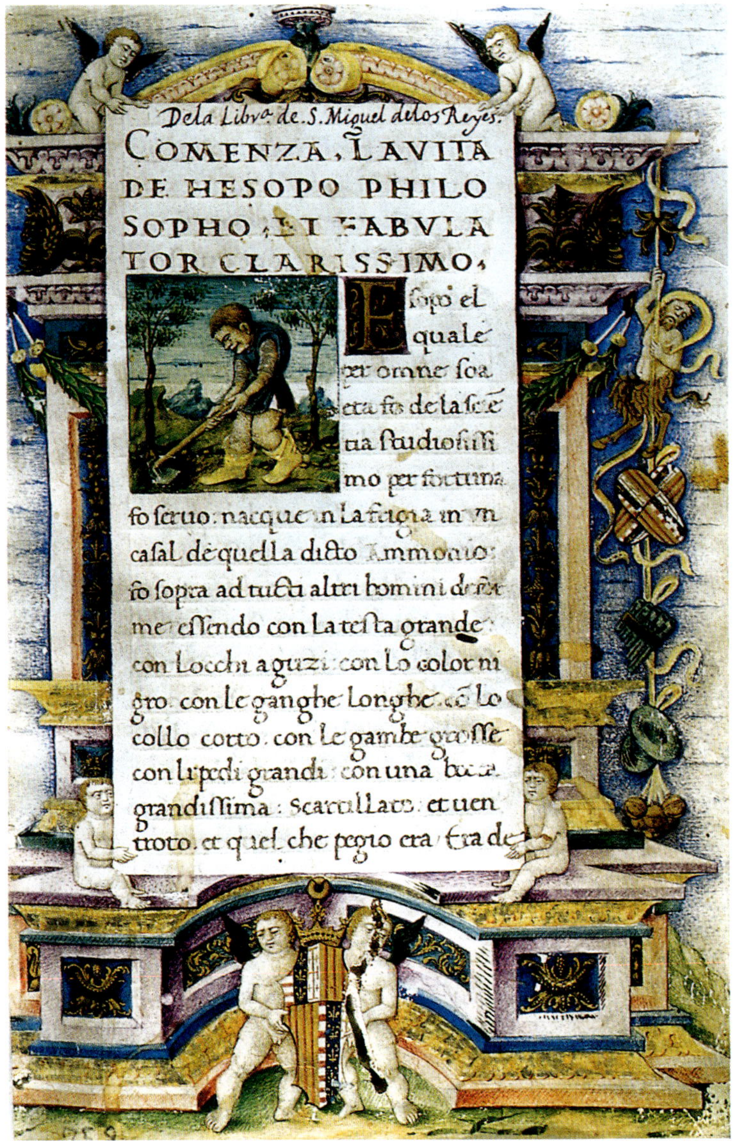

Dela Libra. de. S. Miguel delos Reyes.
COMENZA, LA VITA
DE HESOPO PHILO
SOPHO, ET FABVLA
TOR CLARISSIMO,
Esopo el
quale
per omne soa
eta fo de la scie
tia studiosissi
mo per fortuna
fo seruo: nacque in la frigia in vn
casal de quella dicto Ammonio:
fo sopra ad tucti altri homini defor
me essendo con la testa grande:
con locchi aguzi: con lo color ni
gro. con le ganghe longhe. co'l lo
collo corto. con le gambe grosse
con li pedi grandi: con una bocca
grandissima: Scartellato: et uen
troto. et quel che pegio era tra de

Fig. 28
MS 758, folio 1r. The blue rectangles in the base of the architectural façade are painted with azurite mixed with ultramarine blue. This kind of mixture is very unusual in the Neapolitan codices.

Ms. 758, folio 1r°. Los plafones azules de la base del retablo arquitectónico están pintados con azurita mezclada con azul ultramarino. Este tipo de mezcla no es frecuente en los códices napolitanos.

did not achieve the necessary separation. Special techniques had to be developed, based on repeated decanting of the mineral or on the introduction of a resin and wax paste to remove impurities. Once processed, lapis was then separated according to purity and color intensity. The lowest quality, known in Italian as *biadetto d'oltremare,* was more gray than blue.

Lapis demanded very careful grinding because, if excessively ground, it became pale and green. One can readily observe how rough and matte the areas painted with this pigment appear, because of the coarse size of the pigment particles (fig. 26).

Ultramarine was the dominant blue used in the manuscripts. In MS 44 it appeared mixed with red lake and lead white to produce a purple color, but this is an exception; very rarely does it appear in mixed form, even if the painter wished to achieve a hue distinct from that of natural ultramarine. This is especially notable in the skies in MS 758, folio 1r, and in MS 391, folio 1r, where the miniaturist (probably Majorana in both cases) preferred to apply a very dilute layer of ultramarine rather than mix it with white (fig. 27).

Although most of the blue areas were painted using ultramarine, the painters of MSS 405, 413, and 758 (none of which were painted by, or attributed to, Cola Rabicano) also employed azurite. Azurite is a basic carbonate of copper, $2CuCO_3 \cdot Cu(OH)_2$, and shares many of the physical characteristics of lapis lazuli described above, although the pigment obtained from it is less intense in color and lacks the deep purplish overtones of ultramarine. Blue copper carbonates can also be produced artificially (they are then called blue verditer), but those employed in the

que carece de la tonalidad violácea que subyace en el lapislázuli. Este compuesto podía ser también elaborado artificialmente, pero los carbonatos de cobre azules empleados en los códices son siempre de origen natural: la observación mediante microscopía óptica no mostró de forma clara ninguna de las pequeñas y redondeadas partículas de color azul profundo que son típicas de la variedad artificial (conocida como azul verditer). En general, la azurita se da en elementos arquitectónicos (fig. 28) y como color de fondo (fig. 29). También aparece, en muy pequeñas cantidades, asociada a la malaquita – algo perfectamente lógico, porque así ocurre en la naturaleza: la malaquita a menudo contiene impurezas de azurita, y viceversa.

Rojos

El bermellón fue usado en dos de los códices estudiados. En el Ms. 692 está en las barras rojas del escudo de Aragón (fig. 30); en el Ms. 44, curiosamente, aparece formando parte de la base de la hoja de oro. En la época clasica, este pigmento sólo podía ser obtenido moliendo y limpiando cinabrio, un mineral compuesto de sulfuro de mercurio. Durante la Edad Media, se conoció en Europa un sistema para su elaboración artificial, probablemente procedente del mundo árabe; ello hizo que hacia finales de este periodo su fabricación fuese ya una práctica habitual.[29]

Otro pigmento rojo disponible para los miniaturistas napolitanos fue el rojo de plomo. Este pigmento se fabricaba a partir del blanco de plomo, y se obtenía simplemente calentando el blanco de plomo hasta convertirlo en tetróxido de plomo (Pb_3O_4). El resultado es un rojo muy claro y luminoso, más o menos cercano al amarillo, dependiendo de la intensidad y duración del proceso; los rojos de plomo correspondientes a las muestras 44/5, 47/9, 405/2, 413/3, y 691/4 producen un color muy cercano al naranja, pero no están mezclados con ningún otro – un rasgo muy característico de los miniaturistas napolitanos que casi siempre empleaban pigmentos puros.

Fácilmente reconocible por su color de interferencia verde,[30] el rojo de plomo ha sido identificado en seis de los once códices, donde es común su uso en las figuraciones vegetales. En el códice 691, aparece en la banda que lleva el amorcillo, y en los códices Ms. 47, Ms. 413, y Ms. 720, en las barras verticales del escudo nobiliario. También aparece de forma relativamente abundante en la orla del frontispicio del Ms. 44.

El rojo de plomo presenta un problema de permanencia, como el blanco a partir del cual se produce: ambos pigmentos pueden oxidarse y/o combinarse con algunos gases de azufre presentes en la atmósfera, transformándose lentamente en un compuesto negruzco formado por sulfuro o dióxido de plomo (fig. 31).

Las lacas rojas (el tercer tipo de rojo presente en las miniaturas) no presentan este tipo de problema, aunque es cierto que estos colores pueden sufrir una progresiva pérdida del color, dependiendo tanto de su correcta manufactura como de las condiciones de conservación. Una laca es, técnicamente hablando, un pigmento transparente o blanco (llamado base) que ha sido teñido para producir el color deseado. Las lacas podían ser fabricadas en casi cualquier tonalidad; las más comunes eran las rojas, verdes, azules, y menos frecuentemente, las amarillas. En los códices napolitanos estudiados aquí, hay una total ausencia de lacas azules y un único caso de laca amarilla, pero una abundante presencia de lacas rojas.

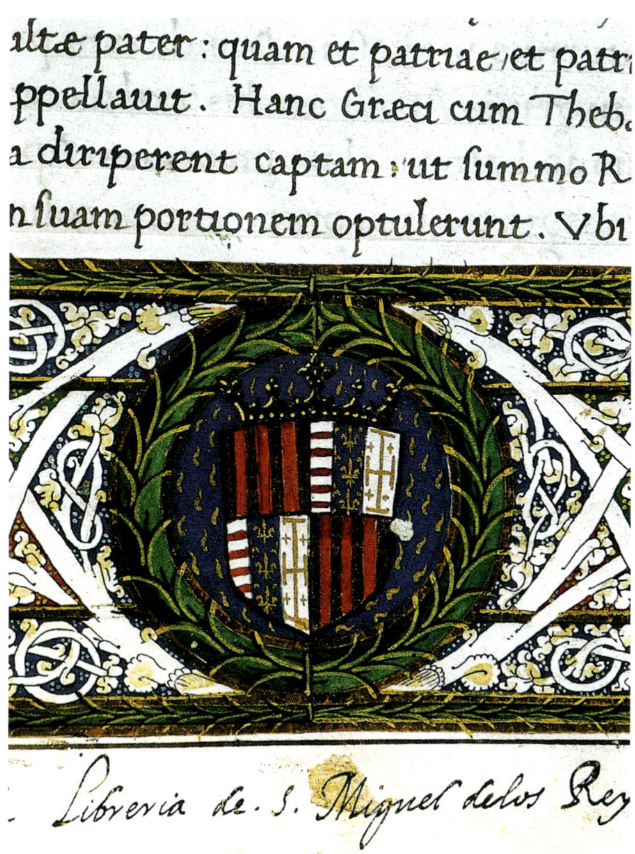

Fig. 29
MS 413, folio 1r. The Aragonese coat of arms is on a blue background painted with azurite.

Ms. 413, folio 1r°. El escudo aragonés está dispuesto sobre un fondo pintado con azurita.

Neapolitan codices are all of natural origin: none of the small, round, deep blue particles characteristic of the artificial variety could be observed through microscopic examination. Usually, azurite appears in architectural decorations (fig. 28) or in background colors (fig. 29); it also appears, in small quantities, associated with malachite. This is to be expected, because azurite and malachite are related compounds: malachite often contains azurite impurities, and vice versa.

Reds

Vermilion was used in two of the codices studied. It is in the vertical red bars in the coat of arms in MS 692 (fig. 30); in MS 44, curiously enough, it appears in the base of gold leaf. In antiquity, vermilion could only be obtained through the grinding and purification of cinnabar, a mineral composed of mercuric sulfide. During the Middle Ages, the means of fabricating synthetic vermilion were brought to Europe, probably from the east by Arabic traders, making the pigment much more accessible to artists.[29]

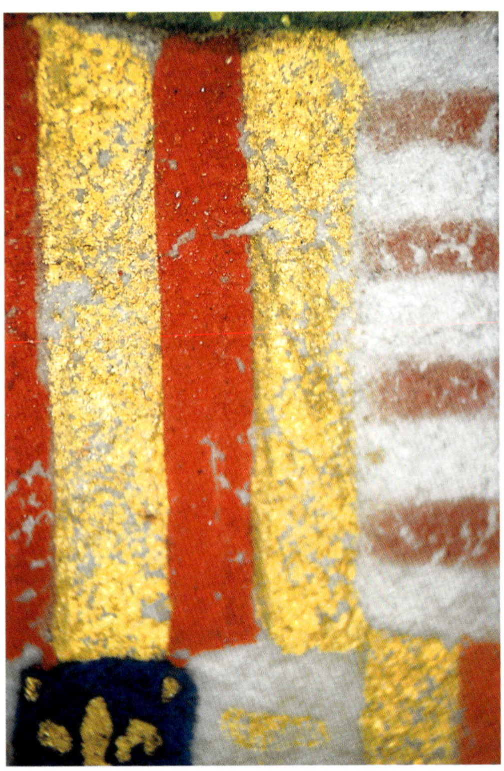

Fig. 30
MS 692, folio 1r, detail. The horizontal red bars have been painted with a lake pigment, while the vertical have been painted mainly with vermilion. Note the typical transparency of lake pigments at the ends of the horizontals.

Ms. 692, folio 1r°, detalle. Las barras rojas horizontales están hechas con un pigmento de tipo laca, mientras que las barras verticales han sido hechas principalmente con bermellón. Obsérvese en las barras horizontales, la transparencia característica de los pigmentos de tipo laca, especialmente perceptible en los contornos.

Another red pigment identified in the codices was red lead. Red lead is produced by heating lead carbonate (lead white) until it converts to lead tetroxide (Pb_3O_4). The resulting pigment is a pale and luminous red, more or less yellow depending upon the intensity and duration of the conversion process. The reds of samples 44/5, 47/9, 405/2, 413/3, and 691/4 appear quite orange, yet are pure red lead – that is, no yellow has been mixed with it. This purity is quite characteristic of the Neapolitan miniaturists, who almost never mixed colors.

Red lead, easily recognizable microscopically by its green interference color,[30] was found in six of the eleven codices, where it was used regularly in the decorative foliage. It was also used for the orange-colored ribbon worn by a *putto* (a figure of a boy) in MS 691. In MSS 47, 413, and 720, red lead appeared as vertical bars in coats of arms. It has also been abundantly used in the frontispiece border of MS 44.

Red lead, like the white lead from which it is produced, presents problems of permanence. Both pigments combine readily with atmospheric sulfur or oxygen, slowly converting to black sulfide or dioxide (fig. 31).

The third class of reds employed in the codices, the red lakes, do not react negatively with sulfur, although progressive color fading can be a problem, especially if the pigments are poorly prepared or the paintings poorly preserved. Technically speaking, lakes are produced by dyeing certain inert transparent or white pigments (called bases or substrates) a desired color. Lakes could be prepared in almost any tonality, greatly expanding an otherwise limited range of available colors. The lakes most commonly prepared were the reds, greens, blues, and, less frequently, yellows. No blue lakes were found to have been used in the Neapolitan codices studied, and only a single case of yellow lake, but red lakes were abundantly employed.

The process of making lake pigments was frequently described in medieval texts. The base of a lake was most commonly extracted from alum, a sulfate of aluminum and potassium derived from a natural mineral source. The alum was prepared by mixing the mineral with an alkali to produce a gelatinous precipitate of aluminum hydroxide. The aluminum hydroxide formed in this reaction has no value

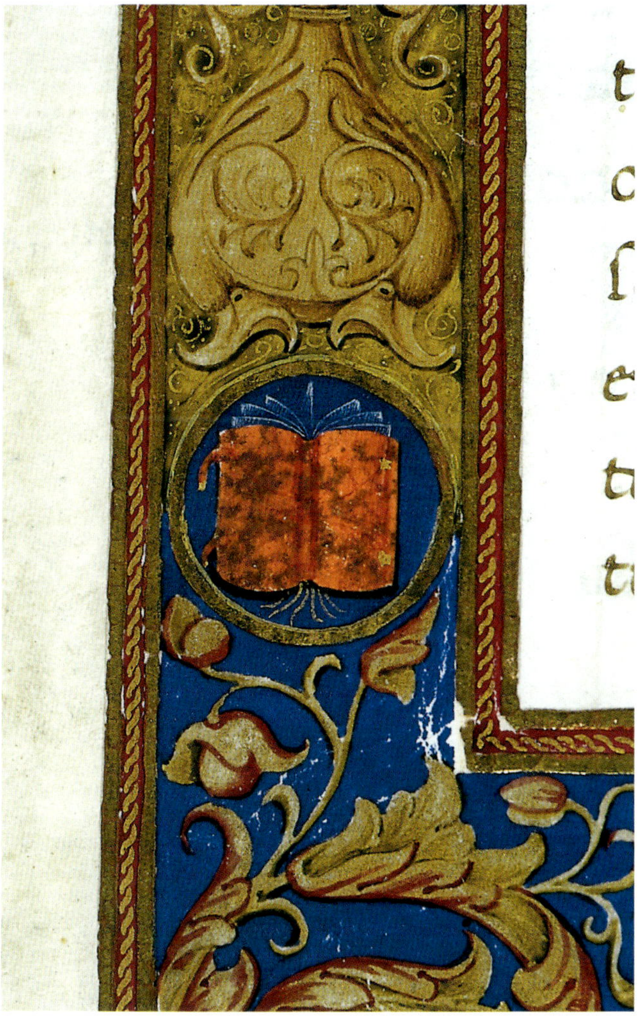

FIG. 31
MS 44, folio 1r, detail. Red lead often appears quite orange because of the yellow lead monoxide impurities it frequently contains as a by-product of its manufacture. In this case, the blackening of the pigment (from sulfuration or oxidation, or both) is also visible.

Ms. 44, folio 1r°, detalle. El rojo de plomo a menudo presenta un color característicamente anaranjado, debido a las impurezas de monóxido de plomo (de color amarillo) resultantes de su proceso de fabricación. En este caso, además, se puede ver cómo la sulfuración y/o la oxidación del plomo han causado manchas oscuras en la superficie del color.

El proceso de producción de este tipo de pigmentos aparece descrito en muchas fuentes medievales. La base más común para las lacas se obtenía a partir del alumbre, un sulfato de aluminio y de potasio que se puede encontrar en la naturaleza como mineral. El alumbre se prepara mezclándolo con un álcali, lo que produce un precipitado gelatinoso de hidróxido de aluminio. El hidróxido de aluminio formado en esta reacción no tiene valor por sí mismo: como pigmento tiene un color blancuzco, y resultaría demasiado transparente en cualquier medio; pero si en el momento de la reacción hay presente un tinte, el hidróxido de aluminio resulta intensamente teñido. El pigmento obtenido es lo que conocemos como laca. Las lacas hechas con alumbre que ha sido precipitado usando carbonato potásico como álcali son bastante transparentes; sin embargo, cuando se emplea carbonato cálcico para provocar la precipitación, se forma sulfato cálcico (casi insoluble y más opaco), el cual también resulta parcialmente teñido, lo que produce un pigmento bastante más cubriente.

Es complicado determinar cuál fue el tinte concreto que se usó en la confección de un pigmento de este tipo, especialmente si se dispone de muestras tan pequeñas como las empleadas en esta investigación. Los pintores conocían un gran número de materiales que podían producir tintes rojos, como la grana o el carmín, o carmesí, que se extraían de ciertos insectos; o el *folium*, extraido de la planta *Chrozophora tinctoria;* o la rubia, extraida de la *Rubia tinctorum;* o la madera de brasil, un nombre que agrupa diversas especies del género *Caesalpina,* y que se importaba de la India hasta que en América se encontró una región en la que era tan abundante que recibió su nombre.

Existen numerosas recetas medievales y renacentistas para la preparación de pigmentos del tipo laca, y especialmente de color rojo, lo que indica que su uso era frecuente entre los artistas de la época. Sin embargo, las lacas presentan al menos un importante problema de conservación: la inestabilidad del color con que se ha teñido la base, que puede ser muy sensible a los agentes ambientales, y sobre todo a la luz. Afortunadamente, este problema no afecta a las miniaturas en el grado en que afecta a otros tipos de pinturas, debido al hecho evidente de que los códices que las contienen están habitualmente cerrados.

Las lacas rojas constituyen la principal veladura de este color usada en los códices napolitanos, y ha sido identificada en todos ellos menos uno. En general, el uso de las lacas se ha confirmado a través de la presencia de las bases de hidróxido de aluminio. No se ha podido precisar el tinte empleado en la producción de las lacas; se realizaron análisis mediante FT-IR en dos muestras, pero no se pudo hacer una identificación segura; además, su pequeño tamaño ha impedido la realización de análisis cromatográficos. En la mayoría de las miniaturas, las lacas rojas fueron usadas en las decoraciones vegetales: en algunos casos, fueron empleadas como veladura sobre ocres rojos o rojos de plomo; en el resto, aparecen mezcladas con blanco de plomo.

on its own – its whitish color is too transparent for use as a pigment. However, if a natural dye is present at the moment the reaction takes place, the aluminum hydroxide becomes intensely colored. The resulting pigment is what we know as a lake. Lakes made from alum precipitated with potassium carbonate are very transparent. When less transparency is desired, calcium carbonate (chalk) can be used as a precipitate, resulting in the formation of calcium sulfate, a nearly insoluble and more opaque base that partially absorbs the dye color and provides greater coverage.

The identification of the specific dye used in the fabrication of a lake is difficult, especially when samples are as small as those taken from these manuscripts. Painters were aware of numerous materials that could be used to produce red lake pigments. Common sources included grain or carmine, the latter extracted from certain insects; *folium*, an extract of the plant *Chrozophora tinctoria*; madder, derived from the root of the plant *Rubia tinctorum*; and brazilwood, extracted from the tree *Caesalpina sappan* and others of the same genus. (This wood was imported from India until a region in South America was discovered in which this tree was so abundant that it gave the area its name, Brazil.)

Numerous late-medieval and Renaissance recipes survive for the preparation of red lakes, suggesting that artists regularly used them. Nevertheless, lakes are inherently unstable and often poorly preserved, since the dyes fixed to the inert pigment base are sensitive to environmental factors, especially light. Fortunately, miniatures are less affected by this problem than other types of painting, as the codices that contain them are customarily closed and stored away from light.

Red lakes are the principal red glaze in the codices and have been identified in all but one of them. The presence of lake pigments was confirmed by the identification of the aluminum hydroxide substrate. The specific dye used in the making of the lake was not identified; FT-IR carried out on two samples was inconclusive, and the small sample size precluded identification by chromatography. In most of the illuminations, red lake was found in flowers, fruits, and foliage decorations. In some cases it was applied as a glaze over bases of red ochre and red lead; elsewhere, it was mixed with lead white.

Red ochre (natural iron oxide) was identified in only two manuscripts, MSS 47 and 692. In both cases, it appears in the gilding bases. It also appears mixed with other colors (samples 47/4 and 692/8), but only in traces.

Yellows

The yellow used with the greatest frequency in the Neapolitan codices was lead tin yellow, an artificially made oxide of tin and lead (Pb_2SnO_4) to which there exist few written references. The only antique, medieval, or Renaissance references to this pigment are two brief and rather obscure mentions in the fifteenth-century work known as the "Bolognese manuscript," or *"Segreti per colori."*[31] The absence of written sources is especially paradoxical, given how often lead tin yellow has been identified in pictorial works ranging from the fourteenth to the eighteenth century, when for unknown reasons its use was abandoned and forgotten. In fact, it was only "rediscovered" very recently; until the middle years of this century, the yellow pigment most often used by medieval, Renaissance, and baroque painters was thought to be yellow lead (lead monoxide, PbO). However, in 1940, R. Jacobi, a researcher from the Doerner Institute in Munich, studied various paint samples using emission spectroscopy, and noted the frequency with which yellows were found to contain large amounts of tin along with the anticipated lead from lead oxide. Successive investigations led to the isolation of lead tin yellow as a pigment, although its existence had not even been suspected until that moment. This discovery was published in 1941;[32] since then, lead monoxide has not been identified in any painting after the fourteenth century, while lead tin yellow has been found with frequency.

The analysis of the Neapolitan codices is no exception. Lead tin yellow was present in seven manuscripts and probably occurs in the other four (fig. 32). In all cases the pigment was found to be pure lead and tin, except for one instance in which a trace of silicon was also present. This indicates that all the samples analyzed were lead tin yellow Type I (Pb_2SnO_4). This is consistent with the data of Martin and Duval;[33] according to them, lead tin yellow Type I dates from after about 1430, while Type II – a glass, composed mainly of silicon, that contains particles of Type I lead tin yellow – was used between 1350 and 1440.

Yellow ochre (natural iron oxide with some degree of hydration) has only been found in significant quantities in MS 391, while in MSS 55 and 720 it appears in small amounts in the bases for gilding.

Yellow lake may have been employed as a transparent glaze over lead tin yellow on the curve of an architectural base in folio 1r of MS 758, but precise identification was not possible because of the small sample size, and because the FT-IR spectrum was dominated by gum arabic.

El ocre rojo (óxidos naturales de hierro) sólo fue identificado en los manuscritos Ms. 47 y Ms. 692. En ambos casos, aparece mezclado con la base de los dorados. También aparece en otras muestras (47/4 y 692/8), pero sólo en trazas.

Amarillos

El amarillo más empleado en los códices napolitanos es el amarillo de estaño y plomo, un óxido de plomo y estaño (Pb_2SnO_4) que se fabrica artificialmente, y del que existen muy escasas menciones escritas. Las únicas referencias antiguas, medievales, o renacentistas a la fabricación de este pigmento que aparecen en fuentes originales están en los "Segreti per colori", del siglo XV[31], y son muy breves y ambiguas. La ausencia de textos es incluso más paradójica si tenemos en cuenta que este pigmento ha sido identificado en

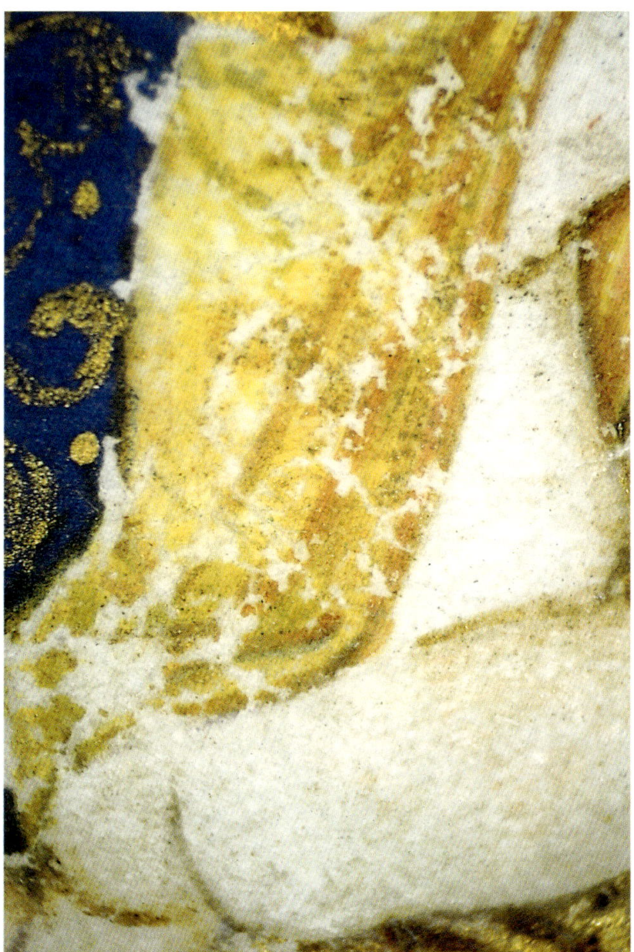

FIG. 32
MS 692, folio 1r, detail. The *putti*'s robes have been painted with lead tin yellow mixed with lead white.

Ms. 692, folio 1r°, detalle. Las túnicas de los amorcillos están pintadas con amarillo de estaño y plomo, mezclado con blanco de plomo.

numerosas obras pictóricas realizadas desde el siglo XIV hasta el XVIII, momento en que dejó de ser usado y cayó en el olvido. El pigmento fue "redescubierto" en una fecha relativamente reciente; hasta mediados de nuestro siglo, se pensó que el principal amarillo empleado por pintores medievales, renacentistas, o barrocos era el amarillo de plomo (monóxido de plomo, PbO). En 1940, R. Jacobi, un investigador del Instituto Doerner de Munich que desarrollaba pruebas de espectroscopía de emisión en muestras pictóricas, encontró que además del plomo, cuya presencia cabía esperar, muchos amarillos también contenían cantidades importantes de estaño. Investigaciones sucesivas le llevaron a la caracterización del amarillo de plomo y estaño como un pigmento *per se* – un pigmento cuya existencia nadie había sospechado hasta entonces. El descubrimiento fue publicado en 1941;[32] desde entonces, el amarillo de plomo no ha sido identificado en ninguna pintura posterior al siglo XIV, mientras que por el contrario, el amarillo de estaño y plomo ha aparecido muy frecuentemente.

El estudio de los códices napolitanos no constituye ninguna excepción a lo antedicho: el amarillo de estaño y plomo ha sido encontrado en siete de los manuscritos analizados, y con toda probabilidad, también está presente en los cuatro restantes (fig. 32). En todos los casos, el pigmento identificado ha sido amarillo de estaño y plomo puro, excepto uno en el que ha aparecido silicio en muy pequeñas cantidades. Esto indica que todas las muestras analizadas son de amarillo de estaño y plomo del tipo I (Pb_2SnO_4). Esto coincide con lo indicado por Martin y Duval,[33] según los cuales el amarillo de estaño y plomo tipo I apareció a partir de 1430 aproximadamente, mientras que el amarillo de estaño y plomo tipo II (una mezcla de vidrio – el vidrio está compuesto esencialmente por silicio – y amarillo de estaño y plomo tipo I) apareció en torno a 1350 y desapareció en torno a 1440.

El ocre amarillo (una tierra amarilla compuesta por óxidos de hierro con diversos grados de hidratación) sólo ha sido encontrado como componente principal de una pintura en el Ms. 391, mientras que en los Mss. 55 y 720 aparece en pequeñas cantidades, formando parte de la base para dorados.

El Ms. 758 podría contener una laca amarilla, formando una veladura transparente sobre el amarillo de estaño y plomo de la parte curvada de la figuración arquitectónica del folio 1r°, aunque el pequeño tamaño de la muestra impidió la identificación segura – el espectro de infrarrojos está dominado por el aglutinante de goma arábiga.

FIG. 33
FT-IR spectrum of sample 47/13. The spectrum of a sample of malachite from the Forbes Collection of the Straus Center for Conservation has been superimposed for reference purposes. The spectra of natural and artificial green copper carbonate (malachite and green verditer) are identical, and it is impossible to distinguish them using this technique.

Espectro de FT-IR correspondiente a la muestra 47/13. Se ha superpuesto el espectro correspondiente a una muestra de malaquita procedente de la colección Forbes del Straus Center for Conservation. Los espectros de los carbonatos de cobre verde natural y artificial (es decir, de la malaquita natural y del verde verditer) son idénticos, y no es posible distinguirlos mediante esta técnica.

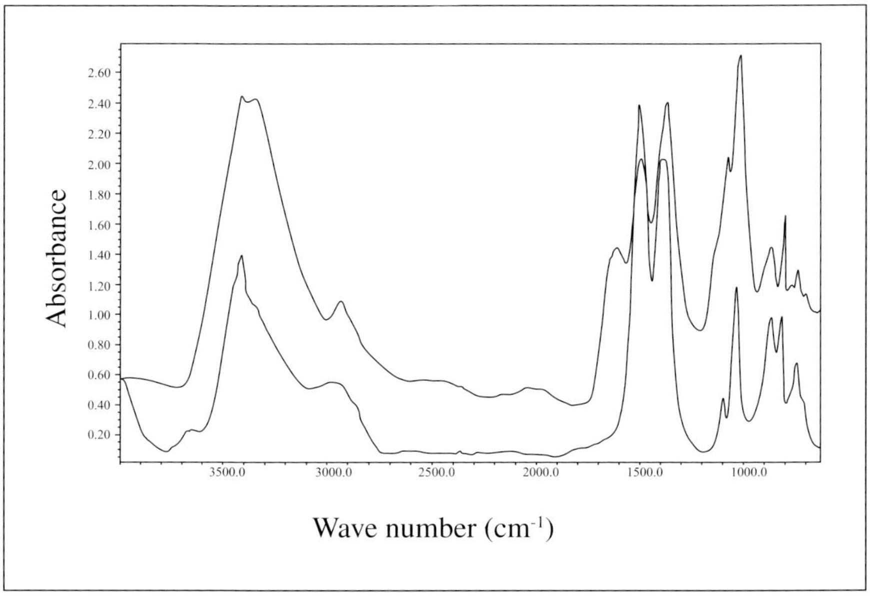

Greens

Azurite appears frequently in nature with another more hydrated variety of basic copper carbonate known as malachite, whose formula is $CuCO_3 \cdot Cu(OH)_2$. This mineral, more abundant than azurite, is vivid green in color. It was used as a pigment from antiquity until the mid-nineteenth century, when it was almost completely displaced by the development of cheaper and more accessible synthetic pigments. Malachite shares many characteristics with azurite, including the fact that it can be manufactured; the artificial variety is called green verditer. Green verditer was first identified by Plesters in an Italian panel painting by Sassetta dating from the 1440s.[34] P. and A. MacTaggart have found evidence for a date of 1506 for green verditer, and indicate that blue verditer (a synthetic form of azurite) occurs as early as the twelfth century.[35] Since green verditer is easier to produce than blue verditer and is made in a similar manner, it is likely that both were known around the same time.

Green copper carbonate, in both its natural and its artificial forms, was very often used by the Neapolitan miniaturists. Seventeen green samples were taken and all were found to be malachite and/or green verditer, except for one sample (391/1) that could be verdigris (an artificially produced copper acetate).

Figure 33 compares the FT-IR spectrum of green verditer from sample 13 of MS 47 with the spectrum of the mineral malachite from the Forbes Collection of Pigments at Harvard. The match of energy positions of the peaks is good. Variations at the shoulder of the peak at 1620 cm^{-1} and the increased intensity at 1050 cm^{-1} are due to the presence of gum arabic binding medium in the Valencia sample. This spectrum is representative of those obtained from green samples tested by FT-IR for all the codices examined. Green verditer and malachite are chemically and crystallographically identical and have identical X-ray powder diffraction patterns.[36] Sometimes the two can be distinguished visually, as malachite is often a lighter shade of green, but the only definitive way to differentiate green verditer from malachite is through polarized light microscopy: green verditer contains spherical or hemispherical particles consisting of radiating crystals, which give an undulatory interference figure in crossed, polarized light (fig. 34).[37] Green verditer was used in the foliage surrounding many capital letters and coats of arms (fig. 35), and in the grass in MS 758, fol. 1r. On some occasions it has also appeared mixed with lead tin yellow, as in samples 692/5 or 44/3. Here the presence of malachite/verditer and lead tin yellow was confirmed by X-ray diffraction, and the green pigment was identified microscopically as green verditer.

Green copper carbonate is the only green colorant identified in the Neapolitan codices, and its presence has been detected in all of them (with the exception of MS 405, in which no green was used, and the style and paleographical features of which indicate a fourteenth-century origin). This suggests that the use of malachite or green verditer as an opaque green is characteristic of Neapolitan miniatures of the Aragonese period.

Verdes

En la naturaleza, la azurita aparece frecuentemente asociada a otra variedad del carbonato básico de cobre más hidratada, cuya fórmula es $CuCO_3 \cdot Cu(OH)_2$, y que llamamos malaquita. Este mineral, más abundante que la azurita, es de un vívido color verde. Se usó también como pigmento desde la antigüedad, hasta que a mediados del siglo XIX fue casi completamente desplazado por el desarrollo de nuevos pigmentos sintéticos, más baratos y asequibles. La malaquita presenta muchas características similares a las de la azurita, incluyendo el hecho de que podía ser producida artificialmente; esta variedad sintética recibe el nombre de verde verditer. Plesters identificó el verde verditer por primera vez en una tabla italiana de Sassetta fechada entre 1440 y 1450.[34] P. y A. MacTaggart también han encontrado pruebas de que el verde verditer ya existía en 1506, y señalan que el azul verditer (el equivalente artificial de la azurita) era conocido ya desde el siglo XII.[35] Dado que siguiendo los procedimientos habituales de producción de carbonatos de cobre, el verde verditer es más fácil de obtener que el azul, es probable que ambos fuesen conocidos al mismo tiempo, o al menos en fechas muy próximas.

El carbonato de cobre verde, en sus variedades natural o artificial, fue muy empleado por los miniaturistas napolitanos. En este estudio se tomaron diecisiete muestras de pinturas verdes, y todas ellas han resultado contener malaquita y/o verde verditer. La única excepción la constituye una muestra (391/1) que podría ser verdigrís (un acetato de cobre producido artificialmente).

La figura 33 corresponde al espectro FT-IR de la muestra 47/13, comparada con el de la malaquita mineral de la colección Forbes de pigmentos, en Harvard. En ella se puede observar cómo la coincidencia es buena con respecto a la posición de los picos de energía; la protuberancia en 1620 cm^{-1} y la mayor intensidad en 1050 cm^{-1} se deben a la presencia de restos del aglutinante de goma arábiga en la muestra analizada. Este espectro es representativo de todos los obtenidos al estudiar mediante FT-IR las muestras verdes. El verde verditer es química y cristalográficamente idéntico a la malaquita; ambos pigmentos producen un espectro de FT-IR similar, e incluso poseen un patrón de difracción de rayos X idéntico.[36] A veces es posible distinguirlos visualmente, porque la malaquita natural suele tener una tonalidad ligeramente más clara, pero el único método de diferenciarlos de forma segura es mediante microscopía óptica de polarización: las partículas de verde verditer tienen forma esférica o hemisférica, y están formadas por cristales radiados; al observarlas mediante luz polarizada y con los nícoles cruzados, producen una figura de interferencia ondulatoria (fig. 34).[37] El verde verditer ha sido usado en las decoraciones vegetales que frecuentemente rodean a las capitales y a los escudos nobiliarios (fig. 35), y para representar la hierba en el folio 11° del Ms. 758. En ocasiones, también ha aparecido mezclado con amarillo de estaño y plomo, como en la muestra 5 del Ms. 692 o en la muestra 3 del Ms. 44. En estos casos, la presencia de carbonato básico de cobre y amarillo de estaño y plomo fue además confirmada mediante difracción de rayos X, y el pigmento verde fue identificado microscópicamente como verde verditer.

El carbonato de cobre verde es el único colorante verde identificado en los códices estudiados, y su presencia ha sido detectada en todos ellos (a excepción del Ms. 405, en

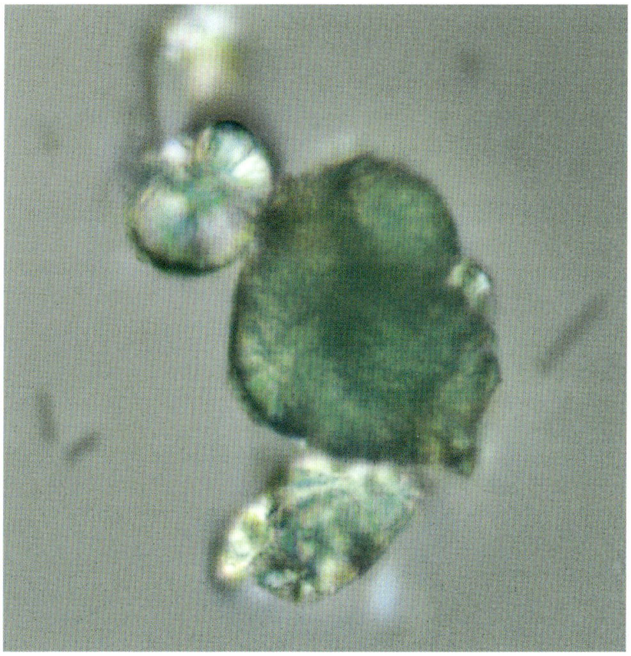

Fig. 34
Photomicrograph (250x) of sample 720/9, taken from the zone that appears in fig. 35. Note that the particles contain radiated crystals. Since the photomicrograph was made with a polarizing microscope with semi-crossed nicols, the formation of an interference cross can be seen. Both characteristics are typical of green verditer, and do not occur in malachite.

Microfotografía (250x) de la muestra 720/9, tomada de la zona representada en la figura 35. Obsérvese que las partículas están compuestas por cristales radiados. Como la fotografía ha sido tomada en un microscopio de polarización con los nícoles semicruzados, se puede observar también la aparición de una cruz como figura de interferencia. Ambas características son típicas del verde verditer, y no se dan en la malaquita natural.

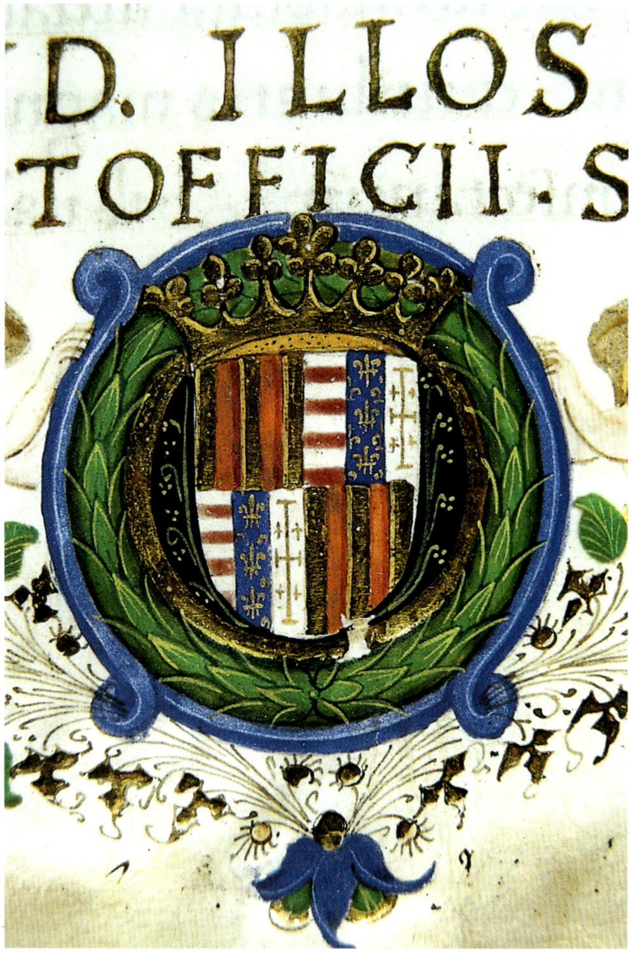

FIG. 35
MS 720, folio 1r, detail. The vegetal decoration that surrounds the royal coat of arms is painted with green verditer and shaded with a transparent green wash.

Ms. 720, folio 1r°, detalle. La corona vegetal que circunda el escudo está pintada con verde verditer y sombreada con un pigmento transparente de color verde.

Purples

The use of a purple dye has been noted on two occasions. It appears in the architectural base of MS 758, where it is slightly reinforced with traces of ultramarine and red lake, and is also present quite prominently where purple surrounds the coats of arms in MS 47, a manuscript firmly attributed to Cola Rabicano. The FT-IR spectrum of this pigment was obscured by the dominant presence of gum arabic. Chemical analysis revealed the presence of calcium, and microscopy indicated calcium carbonate as the substrate of the lake. Several vegetable dyes could have been used to fabricate a lake of this color, but the presence of a small energy peak for bromine in the X-ray fluorescence spectrum[38] suggested the presence of Tyrian purple, a dibromo-indigo dye extracted from certain mollusks of the *murex* species; however, precise identification was not possible.[39] Until a larger sample can be obtained, perhaps from a manuscript hitherto unexamined, the exact nature of the purple dye must remain unspecified.

Blacks

The only black pigment employed was a carbon black, most likely a finely grained soot black. Carbon blacks are produced by burning organic matter such as waxes, woods, and oils; its precise denomination varies depending on the material (e.g., "vine black," "ivory black," or "bone black"). These pigments have been known since prehistoric times, and their fineness, opacity, tinting strength, stability, and cost are so favorable that rarely has another black pigment been truly necessary – in fact, carbon blacks are still produced today. These pigments were found in all codices from which samples of black paint were taken, and their presence is assured in all the rest.

CONCLUSIONS

In general, the artists' palette revealed by the analysis of samples from the eleven Neapolitan manuscripts is consistent with our current knowledge of medieval and Renaissance pigments. The only unusual aspect is the inclusion of two synthetic pigments, mosaic gold and green verditer. Regarding the former, it is important to remember that the oldest recipe for the preparation of mosaic gold is found in *De arte illuminandi*, a fourteenth-century text written in southern Italy, quite possibly in Naples. As for the green verditer, analyses seem to confirm the suggestions of Plesters and P. and A. MacTaggart regarding the dates of its production.

The full palette included the following pigments: red lake, red lead, red ochre, vermilion, yellow ochre, yellow lake, lead tin yellow, malachite, green verditer, azurite, ultramarine, lead white, gypsum (gesso), calcite, carbon black, gold powdered paint, silver powdered paint, and mosaic gold. Gold and silver leaf were also used. Absent from the palette were such common fifteenth-century pigments as orpiment, realgar, indigo, blue verditer, and green earth. (See table 1.)

The binding medium employed in all the paintings we analyzed was gum arabic, a material much recommended in various medieval and Renaissance texts. Green copper carbonate (both natural and artificial) was the only opaque green detected by analysis. Of all the manuscripts analyzed, those attributable to Cola Rabicano showed the richest

el que no aparece el color verde, y cuyo estilo y rasgos paleográficos indican que fue realizado en el siglo XIV). Su uso es una característica común de las miniaturas napolitanas del periodo aragonés.

Púrpuras

En dos ocasiones se ha encontrado una laca púrpura. Ha aparecido en la base arquitectónica del Ms. 758, donde su tono está ligeramente reforzado con pequeñas cantidades de azul ultramarino y laca roja, y también, de forma muy visible, en el Ms. 47, cuyo autor fue, con seguridad, Cola Rabicano: aquí, el color púrpura rodea el escudo de armas. El espectro FT-IR de este pigmento apareció dominado por la presencia de goma arábiga. Los estudios químicos indican la presencia de calcio, y la microscopía óptica muestra la presencia de carbonato cálcico como base de la laca. En la fabricación de la laca pudieron emplearse diversos tintes, la mayoría de ellos de origen vegetal; pero la presencia de un pequeño pico de energía correspondiente al bromo en el espectro de fluorescencia de rayos X[38] podría indicar que en la fabricación de la laca se empleó el tinte *púrpura de Tiro*, un dibromo-índigo que se extrae de ciertos moluscos del género *murex*. Sin embargo, esta hipótesis no ha podido ser confirmada, y hasta que se pueda tomar una muestra de mayor tamaño, quizá de un códice no estudiado por ahora, la identidad del tinte púrpura permanecerá desconocida.[39]

Negros

El único negro identificado es negro de carbono, probablemente obtenido a partir del hollín. Los negros de carbono son productos de la combustión de materiales orgánicos, como ceras, maderas, aceites, etc., y pueden recibir denominaciones muy variadas, según el tipo de material empleado para fabricarlo – por ejemplo, "negro de vid," "negro de humo," o "negro de huesos." Estos tipos de negros son conocidos desde tiempos prehistóricos, y sus características de finura, poder colorante, estabilidad, opacidad, y costo son tan buenas que no se hizo necesario desarrollar ningún otro tipo de pigmento negro – de hecho, los negros de carbono siguen produciéndose en la actualidad. Este tipo de pigmento ha sido identificado en todos los códices en los que se han tomado muestras de este color, y es segura su presencia en todos los demás.

CONCLUSIONES

En general, la paleta resultante de los análisis de las muestras tomadas de once manuscritos napolitanos es concordante con lo que actualmente se conoce sobre los pigmentos medievales y renacentistas. El único aspecto infrecuente fue la inclusión de dos pigmentos sintéticos, el oro mosaico y el verde verditer. Respecto al primero, es importante recordar que la receta más antigua para su preparación aparece en *De arte illuminandi*, un tratado del siglo XIV escrito en el sur de Italia, quizá incluso en el mismo Nápoles. Respecto al segundo, los análisis parecen confirmar las fechas de fabricación propuestas por Plesters y por P. y A. MacTaggart.

La paleta incluye los siguientes pigmentos: laca roja, rojo de plomo, ocre rojo, bermellón, laca amarilla, amarillo de estaño y plomo, ocre amarillo, plata molida, oro molido, oro mosaico, malaquita, verde verditer, azurita, azul ultramarino, blanco de plomo, yeso, calcita, y negro de carbono. Además, se ha usado la hoja de plata y de oro. No han aparecido pigmentos típicos del siglo XV como el oropimente, el realgar, el índigo, el azul verditer, o las tierras verdes. (Véase la tabla 1.)

El aglutinante empleado en la realización de todas de las pinturas es la goma arábiga, un material recomendado en muchos textos medievales y renacentistas. El carbonato de cobre verde (tanto natural como artificial) es el único verde opaco empleado por los miniaturistas estudiados. Entre estos artistas, la paleta de Cola Rabicano es la más rica, y la única que incluye el oro mosaico. Sin embargo, no existe ningún patrón técnico individualizado asignable a un artista concreto.

NOTAS

1. De los cuatro años que Jacques de la Marche, el marido de Giovanna, estuvo en Nápoles, tres los pasó en una mazmorra por orden de su esposa. Después logró escapar y huyó a Francia, donde ingresó en un monasterio.

2. Se conocen cuatro códices cuyas pinturas fueron realizadas, con certeza documental, por Cola Rabicano, pero le han sido atribuidas las pinturas de al menos otros cincuenta y cuatro; de Cristoforo Majorana conocemos tan sólo un códice cuyas pinturas le son documentalmente atribuibles, mientras que le han sido atribuidas las pinturas de al menos otros cuarenta y cinco.

palette, and were the only examples to include mosaic gold. No indisputably distinctive pattern of working methods or materials emerged to characterize a single artist.

NOTES

1. Giovanna's husband, Jacques de la Marche, was in Naples for four years, three of which he spent in a dungeon, on the orders of his wife. Eventually he managed to escape and fled to France, where he entered a monastery.

2. For instance, four codices are known whose authorship can be certainly attributed to Cola Rabicano through documentation, while the paintings of another fifty-four codices have been attributed to him. Only one codex exists whose authorship can be attributed through documentation to Majorana, while the paintings of at least another forty-five codices have been attributed to him.

3. The List of Codices Studied (p. 50) includes references on attributions and documents.

4. Daniel Varney Thompson, *The Materials and Techniques of Medieval Painting* (reprint, New York, 1956; orig., London, 1936), 28.

5. A contemporary description of the process of parchment making as practiced in the Middle Ages can be found in MS 490 of the Capitular Library of Lucca, Italy, fol. 219v.

6. See, for instance, MS *Amplonius Quarto 189* in the Stadtbücherei of Erfurt, ¶16; Cennino Cennini, *Il libro dell'arte*, chaps. 7 and 10; or the anonymous *De arte illuminandi*, chap. 14.

7. A metalpoint is a small cylinder made with a soft metal such as lead, tin, or silver, which was rubbed on the drawing surface. The abrasion made by the metalpoint leaves small fragments on the surface, thus forming a line in the manner of chalk on a blackboard. Graphite works according to the same principle, and in fact graphite was initially confused with lead because of their similar appearance. The harder the drawing material, the more abrasive the surface had to be. Cennini says that parchment could be prepared with calcite and ground bones to increase the roughness of the drawing surface (*Il libro dell'arte*, chaps. 5–8). See, too, Alcherius's text *De coloribus diversis modis tractatur in sequentibus*, as recompiled by Le Begué, ¶296, according to Merrifield's transcription (Mary Philadelphia Merrifield, *Original Treatises dating from the XIIth to the XVIIIth Centuries on the Arts of Painting, in Oil, Miniature, Mosaic, and on Glass; of Gilding, Dyeing, and the Preparation of Colours and Artificial Gems* [reprint, New York, 1967; orig., London, 1849]).

8. Reference numbers, as used, give the assigned number of the manuscript tested, followed by a sample number.

9. *De arte illuminandi*, chap. 17. The original text is taken from Franco Brunello, *'De arte illuminandi' e altri trattati sulla tecnica della miniatura medievale* (Vicenza, 1975); translation ours.

> Recipe gummam arabicam albam et claram, et frange in parvis frustis, sive tere, et micte in vase vitreato, et desuper pone tantum de aqua communi quod cooperiat per duos digitos, et permicte stare per diem et noctem, et postea pone super cineres calidos per aliquod spacium, donec solvatur; et sicut probasti aquam colle, proba istam, et, si bene es in bona temperantia, quod non sit nimis fortis vel dulcis, cola per pannum, et serva in ampulla, et utere ea.

10. Fourier-transform infrared spectroscopy. In this method, the source energy passes through an interferometer and then through the sample. Exposed to the IR energy, the sample absorbs specific frequencies; the spectrometer detects which radiations have been absorbed, and records that information as an interferogram. The interferogram is then transformed mathematically into a normal spectrum (the spectrum characteristic of each material), and its analysis allows the identification of the material contained in the sample. Some examples can be seen in figures 15 and 33; the abscissa shows the infrared energy in cm^{-1} for each peak; the ordinate indicates the amount of energy absorbed by the sample.

11. Theophilus, *Schedula diversarum artius*. The quotes from this source have been taken from Theophilus, *De diversis artibus: The Various Arts*, ed. C. R. Dodwell (Oxford, 1986), chap. 31.

> Si vesicam non habueris, pergamenum uituli spissum eodem modo incide, laua et coque. Follem quoque anguillae diligentissime rasum, incisum, et lotum eodem modo coque. Ossa etiam capitis lupi piscis sicci diligenter lota in calida aqua ter ita coque.

12. The fragility of the gold leaf is difficult to describe; some old texts are very expressive about it. For instance, Theophilus says in chapter 23 of his *Schedula* (see n. 11), "In this moment you must avoid any air movement and hold your breath, because if you breathe you will lose your gold leaf, and it will be very difficult to recover." ("Ea hora opportet te a uento cauere et ab hallitu continere, quia, si flaueris, petulam perdes et diffice reperies.") In addition, the thirteenth-century *Livro de como se façen as cores* (chap. 36) warns, "And then take the leaf of gold, very neatly and carefully, in a house where there is no wind, and there are no people [in order that the gilder may not speak to anyone] and place a bandage or a piece of cloth upon your mouth and your nostrils in order that you may not breathe upon the gold." The original text is written with Hebrew characters; the English translation is that of D. S. Blondheim ("An Old Portuguese Work on Manuscript Illumination," *Jewish Quarterly Review* 19, no. 2 [1928]: 97–135). See, too, *De coloribus diversis modis tractatur* (in Merrifield, *Original Treatises...*, vol. 1, 258–79), ¶¶291 and 298, or *De coloribus faciendis* (in Merrifield, *Original Treatises...*, vol. 1, 112–65), ¶194.

3. En "Lista de códices estudiados" (p. 51) se incluye una lista de los manuscritos estudiados, con referencias sobre las autorías de sus pinturas.

4. Daniel Varney Thompson, *The Materials and Techniques of Medieval Painting* (reimpresión: Nueva York, 1956; orig.: Londres, 1936), p. 28. La traducción española es nuestra.

5. Una descripción del proceso de elaboración de pergaminos en la Edad Media puede encontrarse en el Ms. 490 de la Biblioteca Capitular de Lucca, Italia, folio 219v°.

6. Véase, por ejemplo, el Ms. *Amplonius Quarto 189* de la Stadtbücherei de Erfurt, párrafo 16; Cennino Cennini, *Il libro dell'arte,* caps. 7 y 10; o el anónimo *De arte illuminandi,* cap. 14.

7. Una punta metálica es un pequeño cilindro hecho con un metal blando, como plomo, estaño, o plata, que se frota sobre la superficie de dibujo. La pequeña abrasión ejercida por la superficie es bastante como para que el metal deje sobre ella pequeñísimos fragmentos, formando una línea, algo parecido a lo que ocurre cuando escribimos con una tiza en una pizarra, o con un lápiz sobre un papel. El grafito también funciona según este mismo principio, y de hecho, al principio el grafito era confundido con el plomo, que tiene una apariencia similar. Cuanto más duro es el material de dibujo, más abrasiva debe ser la superficie. Al respecto, Cennini señala que el pergamino podía prepararse con calcita y huesos molidos para aumentar la abrasividad (*Il libro dell'arte,* caps. 5–8). Véase también el texto de Alcherius recopilado por Le Begué, *De coloribus diversis modis tractatur in sequentibus,* párrafo 296, según la transcripción de Merrifield (M. P. Merrifield, *Original Treatises ...* [reimpresión: Nueva York, 1967; orig., Londres, 1849]).

8. El número anterior a la barra indica el códice del que se tomó la muestra; la cifra posterior señala el número de micromuestra.

9. *De arte illuminandi,* cap. 17. Las transcripciones de esta texto están tomadas de Franco Brunello, *'De arte illuminandi' e altri trattati sulla tecnica della miniatura medievale* (Vicenza, 1975). Las traducciones son nuestras.

> Recipe gummam arabicam albam et claram, et frange in parvis frustis, sive tere, et micte in vase vitreato, et desuper pone tantum de aqua communi quod cooperiat per duos digitos, et permicte stare per diem et noctem, et postea pone super cineres calidos per aliquod spacium, donec solvatur; et sicut probasti aquam colle, proba istam, et, si bene es in bona temperantia, quod non sit nimis fortis vel dulcis, cola per pannum, et serva in ampulla, et utere ea.

10. Fourier-Transform infrared spectroscopy (espectroscopía de infrarrojos por transformada de Fourier). En este método, la energía pasa por un interferómetro y después por la muestra a estudiar. Cuando este ocurre, la muestra absorbe una serie de frecuencias; el espectrómetro detecta qué radiaciones han sido absorbidas, y registra esa informacion en forma de interferograma, que a su vez es transformado en un espectro normal, mediante la aplicación de algoritmos matemáticos; el espectro resultante es característico de cada material, y su análisis permite la identificación de los componentes de la muestra. Las figuras 15 y 33 muestran algunos espectros de FT-IR. La abscisa representa las radiaciónes infrarrojos de cada pico en cm^{-1}; la ordenada indica la cantidad de energía absorbida por la muestra.

11. Teófilo, *Schedula diversarum artius.* Las transcripciones de este texto están tomadas de Theophilus, *De diversis artibus: The Various Arts,* ed. C. R. Dodwell (Oxford, 1986), cap. 31. Las traducciones españolas son nuestras.

> Si vesicam non habueris, pergamenum uituli spissum eodem modo incide, laua et coque. Follem quoque anguillae diligentissime rasum, incisum, et lotum eodem modo coque. Ossa etiam capitis lupi piscis sicci diligenter lota in calida aqua ter ita coque.

12. La delicadeza de las láminas es difícil de describir; algunos textos antiguos incluyen al respecto pasajes muy expresivos. Por ejemplo, Teófilo señala en el capítulo 23 de su *Schedula* (véase nota 11): "En este momento debes evitar las corrientes de aire y contener el aliento, porque si respiras, perderás la hoja de oro, y será difícil recuperarla." ("Ea hora opportet te a uento cauere et ab hallitu continere, quia, si flaueris, petulam perdes et diffice reperies.")

En el capítulo 36 del *Livro de como se façen as cores,* redactado en el siglo XIII, se nos advierte: "Y entonces, lleva la hoja de oro en manera bien ordenada y cuidadosa en una casa donde no haya viento, y donde no haya personas, para que no tengas que hablar, y ponte un vendaje o una pieza de tela sobre tu boca y tu nariz, para que no puedas respirar sobre el oro." La traducción española ha sido hecha por los autores a partir de la traducción inglesa del texto original (escrito en portugués con caracteres hebreos), publicada por D. S. Blondheim ("An Old Portuguese Work on Manuscript Illumination," *Jewish Quarterly Review* 19, no. 2 [1928]: 97–135). Véase también *De coloribus diversis modis tractatur* (en Merrifield, *Original Treatises* vol. I, 258–79), párrafos 291 y 298, o *De coloribus faciendis* (en Merrifield, *Original Treatises....* vol. I, 112–65), párrafo 194.

13. D. S. Blondheim, trans., *Livro de como se façen as cores* (Philadelphia, 1928), caps. 3, 25, 26, y 38.

14. "...pergamino bizantino, que está hecho con retazos de lana o lino" *("...pergamenam graecam, quae fit ex lana lini"):* una forma arcaica para describir el papel.

15. Teófilo, *Schedula* (véase nota 11), cap. 23.

> Tolle pergamenam Graecam, quae fit ex lana lini, et fricabis eam ex utraque parte cum rubeo colore, qui comburitur ex ogra, minutissime trito et sicco, et polies eam dente castoris siue ursi uel apri diligentissime, donec lucida fiat et idem color ipsa

13. D. S. Blondheim, trans., *Livro de como se façen as cores* (Philadelphia, 1928), chaps. 3, 25, 26, and 38.

14. "...pergamenan graecam, quae fit ex lana lini" ("... Byzantine parchment, which is made from pieces of wool or linen"): paper.

15. Theophilus, *Schedula* (see n. 11), chap. 23.

> Tolle pergamenam Graecam, quae fit ex lana lini, et fricabis eam ex utraque parte cum rubeo colore, qui comburitur ex ogra, minutissime trito et sicco, et polies eam dente castoris siue ursi uel apri diligentissime, donec lucida fiat et idem color ipsa fricatione adhaereat. Deinde incide forpice ipsam pergamenam per partes quadras ad latitudinem quatuor digitorum aequaliter latas et longas.
>
> Postmodum facies eadem mensura expergameno uituli quasi marsupium, et fortiter consues, ita amplum ut multas partes rubricatae pergamenae possis imponere. Quo facto tolle aurum purum et fac illud attenuari malleo super incudem aequalem diligentissime, ita ut nulla sit in eo fractura, et incide illud per quadras partes ad mensuram duorum digitorum. Deinde mittes in illud marsupium unam partem rubricatae et super eam unam partem auri in medio, sicque pergamenam et rursus aurum, atque ita facies donec impleatur marsupium, et aurum sit semper in medio commixtum. Dehinc habeas malleum fusilem ex auricalco iuxta manubrium gracilem et in plana latum unde percuties ipsum marsupium super lapidem magnum et aequalem, non gratuiter sed moderate; et cum saepius respexeris, considerabis utrum uelis ipsum aurum omnino tenue facere uel mediocriter spissum. Si autem supercreuerit aurum in attenuando et marsupium excesserit, praecides illud forcipe paruulo et leui tantummodo ad hoc opus facto.
>
> Haec est ratio aureae petulae, quam cum secundum libitum tuum attenuaueris, ex ea incides forcipe particulas quantas uolueris, et inde ordinabis coronas circa capita imaginum et stolas et oras uestimentorum et caetera, ut libuerit.

See, too, the "Lucca manuscript," Lucca Capitular Library, MS 490, fols. 221v and 221r.

16. Theophilus, *Schedula*, chap. 28. "Sed aurum diligentius molendum est et leniter trahendum saepisque respiciendum, quia mollius est caeteris metallis, et forte adhaereat molendino uel pistillo et conglomeratur."

17. Ibid.

18. See A. R. Butler, C. Glidewell, J. Needham, and S. Pritchard, "Mosaic Gold in Europe and China," *Chemistry in Britain* 19 (1983): 132–35; and Ulrich Schiessl, "Musivgold: Eine pigmentgeschichtliche Skizze," *Maltechnik* 4 (1981): 219–29. See, too, the references in notes 21 and 22.

19. The manufacturing of mosaic gold appears in *De arte illuminandi* (chap. 7); in the "Göttingen Model Book" (fol. 9v); in *Il libro dell' arte* (chap. 159; see n. 6 above); in the *Livro de como se façen as cores* (chap. 1); in the *Segreti per colori* (¶¶141–45 and 168; see n. 31 below); in *Experimenta de coloribus* (Merrifield, *Original Treatises*, vol. 1, 47–110, ¶¶19 and 39); in *Ricepte d'affare più colori* (Daniel Varney Thompson, "The 'Ricepte d'affare più colori' of Ambrosio di Ser Pietro da Siena," in *Archeion* 15 (1933): 339–47, chap. 13); and in the "Strasburg manuscript." See "Further Reading" for references of published editions and translations.

20. Cennini, *Il libro dell'arte* (chap. 159; see n. 6 above). English translation is ours.

> Di un colore simile all'oro, il quale si chiama porporina, e in che modo si fa. Io ti voglio mostrare un colore simile all'oro, il quale è buono in carta di questi miniatori, e ancora in tavola se n'adoperebbe; ... Questo colore di porporina si fa per questo modo: togli sale orminiaco, stagno, zolfo, ariento vivo tanto dell'uno quanto dell'altro, salvo che meno d'ariento. Metti queste cose in una ampolla di ferro o di rame o di vetro. Fondi ogni cosa al fuoco; ed è fatto.

21. Thompson, *Materials and Techniques* (n. 4 above), p. 181.

22. Janet L. Ross, "A Note on the Use of Mosaic Gold," *Studies in Conservation* 18 (1973): 174–76.

23. E.-L. Richter and H. Harlin, "The *Stuttgarter Kartenspiel:* Scientific Examination of the Pigments and Paint Layer of Medieval Playing Cards," *Studies in Conservation* 21 (1976): 18–24.

24. See, for instance, Cennini, *Il libro dell'arte*, chap. 95.

25. See, for example, Marcelino Gutiérrez del Caño, *Catálogo de los manuscritos existentes en la Biblioteca Universitaria de Valencia* (Valencia, 1919), vol. 2, p. 207. See, too, the photographs of the codices held in the Archivo Más in Barcelona, Spain, taken in the second quarter of our century.

26. Fresco painting is the most notable exception: in this case, calcium whites could also be used.

27. Theophilus, *Schedula* (n. 11 above), chap. 37.

> Cerosam autem compositurus fac tibi plumbeas tabulas attenuari, et componens eas siccas in cauo ligno . . ., infuso aceto calido siue urina cooperi. Deinde post mensem solue cooperculum, et quicquid album fuerit auferens rursum repone sicut prius.

28. Of the many records that attest to the high value placed on the pigment lapis lazuli, one of the most interesting is an incident narrated by Vasari in his *Vite*, involving the artist Pietro Perugino and a Jesuit prior in whose monastery he was working. It is worth quoting extensively:

> The prior, according to what I once heard tell, was very excellent at making ultramarine blues, and therefore, since he had

> fricatione adhaereat. Deinde incide forpice ipsam pergamenam per partes quadras ad latitudinem quatuor digitorum aequaliter latas et longas.
>
> Postmodum facies eadem mensura ex pergameno uituli quasi marsupium, et fortiter consues, ita amplum ut multas partes rubricatae pergamenae possis imponere. Quo facto tolle aurum purum et fac illud attenuari malleo super incudem aequalem diligentissime, ita ut nulla sit in eo fractura, et incide illud per quadras partes ad mensuram duorum digitorum. Deinde mittes in illud marsupium unam partem rubricatae et super eam unam partem auri in medio, sicque pergamenam et rursus aurum, atque ita facies donec impleatur marsupium, et aurum sit semper in medio conmixtum. Dehinc habeas malleum fusilem ex auricalco iuxta manubrium gracilem et in plana latum unde percuties ipsum marsupium super lapidem magnum et aequalem, non grauiter sed moderate; et cum saepius respexeris, considerabis utrum velis ipsum aurum omnino tenue facere uel mediocriter spissum. Si autem supercreuerit aurum in attenuando et marsupium excesserit, praecides illud forcipe paruulo et leui tantummodo ad hoc opus facto.
>
> Haec est ratio aureae petulae, quam cum secundum libitum tuum attenuaueris, ex ea incides forcipe particulas quantas uolueris, et inde ordinabis coronas circa capita imaginum et stolas et oras uestimentorum et caetera, ut libuerit.

Véase también el "Anónimo de Lucca" (Ms. 490 de la Biblioteca Capitular de Lucca), fol. 221r° y v°.

16. Teófilo, *Schedula* (véase nota 11), cap. 28. "Sed aurum diligentius molendum est et leniter trahendum saepisque respiciendum, quia mollius est caeteris metallis, ne forte adhaereat molendino uel pistillo et conglomeratur."

17. Ibid.

18. Véase A. R. Butler, C. Glidewell, J. Needham, y S. Pritchard, "Mosaic Gold in Europe and China," *Chemistry in Britain* 19 (1983): 132–35; y Ulrich Schiessl, "Musivgold: Eine pigmentgeschichtliche Skizze," *Maltechnik* 4 (1981): 219–29. Véase también las referencias incluidas en las notas 21 y 22.

19. Su fabricación aparece descrita en *De arte illuminandi* (cap. 7), en el "libro de modelos de Göttingen" (folio 9v°), en *Il libro dell'arte* (cap. 159; véase nota 6, ya citada), en el *Livro de como se façen as cores* (cap. 1), en los *Segreti per colori* (párrafos 141–45 y 168; véase la nota 31, abajo), en *Experimenta de coloribus* (Merrifield, *Original Treatises*, vol. 1, 47–110, párrafos 19 y 39), en *Ricepte d'affare più colori* (Daniel Varney Thompson, "The 'Ricepte d'affare più colori' of Ambrosio di Ser Pietro da Siena," [in] *Archeion* 15 (1933): 339–47, cap. 13), y en el "manuscrito de Estrasburgo." Véase "Otras lecturas" para conocer las referencias completas de las ediciones y traducciones citadas por los autores.

20. Cennini, *Il libro dell'arte* (cap. 159; véase nota 6, ya citada). La traducción española es nuestra.

> Di un colore simile all'oro, il quale si chiama porporina, e in che modo si fa. Io ti voglio mostrare un colore simile all'oro, il quale è buono in carta di questi miniatori, e ancora in tavola se n'adoperebbe; ... Questo colore di porporina si fa per questo modo: togli sale orminiaco, stagno, zolfo, ariento vivo tanto dell'uno quanto dell'altro, salvo che meno d'ariento. Metti queste cose in una ampolla di ferro o di rame o di vetro. Fondi ogni cosa al fuoco; ed è fatto.

21. Thompson, *Materials and Techniques* (véase nota 4), p. 181.

22. Janet L. Ross, "A Note on the Use of Mosaic Gold," *Studies in Conservation* 18 (1973): 174–76.

23. E.-L. Richter y H. Harlin, "The *Stuttgarter Kartenspiel:* Scientific Examination of the Pigments and Paint Layer of Medieval Playing Cards," *Studies in Conservation* 21 (1976): 18–24.

24. Véase, por ejemplo, Cennini, *Il libro dell'arte*, cap. 95.

25. Véase, por ejemplo, Marcelino Gutiérrez del Caño, *Catálogo de los manuscritos existentes en la Biblioteca Universitaria de Valencia* (Valencia, 1919), vol. 2, p. 207. Véanse también las fotografías de los códices existentes en el Archivo Más en Barcelona, tomadas en torno al segundo cuarto de nuestro siglo.

26. El caso de la pintura al fresco es la excepción más notable: en esta técnica, se pueden usar igualmente carbonatos y sulfatos de calcio.

27. Teófilo, *Schedula* (véase nota 11), cap. 37.

> Cerosam autem compositurus fac tibi plumbeas tabulas attenuari, et componens eas siccas in cauo ligno . . ., infuso aceto calido siue urina cooperi. Deinde post mensem solue cooperculum, et quicquid album fuerit auferens rursum repone sicut prius.

28. Probablemente una de las anécdotas más curiosas que testimonian el valor del pigmento lapislázuli es la que refiere Vasari en su *vita* del artista Pietro Perugino. La cita es larga, pero no nos resistimos a transcribirla:

> El prior [de la orden de los jesuitas, en cuyo convento florentino se hallaba trabajando], de acuerdo con lo que una vez oí decir, era muy hábil en la fabricación de azules ultramarinos, y por ello, dado que lo tenía en abundancia, quería que Pietro hiciera un uso generoso de él en todas las obras que he mencionado arriba; sin embargo, era tan malpensado y suspicaz que, desconfiando de Pietro, quiso estar presente él mismo cada vez que usara azul en sus pinturas. Entonces Pietro, que era de naturaleza recta y honesta, y no quería nada de otros a menos que lo hubiera ganado con su trabajo, se tomó muy mal la falta de confianza del prior, y resolvió ponerlo en evidencia. Por tanto, habiendo encontrado una vasija de agua, y habiendo hecho la imprimación para los ropajes, y para todas las cosas

an abundance, he wanted Pietro to make a generous use of them in all the works mentioned above; nonetheless, he was also so mean and suspicious that, not trusting Pietro, he wanted to be present himself whenever Pietro was using blue in his work. So then Pietro, who was naturally honest and upright and wanted nothing from others unless he earned it through his labors, took the prior's lack of trust very ill, and determined to put him to shame. Having found a basin of water, therefore, and having done his priming for the draperies and for anything else he wished to do in blue and white, he time and time again kept getting the prior (who grudgingly produced his little bag) to put the ultramarine into the little earthen pot containing the distemper; and having started the work at every brush in the basin, so that more ultramarine stayed in the water than was being applied to the picture; and the prior, who saw his little bag of ultramarine growing empty and not much of the picture appearing, kept saying over and over again:

> "Oh, what a lot of ultramarine this plaster is eating up!"
> "Just as you see," Pietro would reply.

After the prior had left, Pietro recovered the ultramarine from the bottom of the basin, and then, when the time seemed right, he gave it back to the prior and remarked:

> "Father, this is yours: learn to trust upright men who never deceive those who trust them, but who all the same know, if they so wish, how to deceive the mistrustful, such as you."

Giorgio Vasari, *Lives of the Artists*, trans. George Bull (London, 1987), p. 93.

29. By the end of the Middle Ages, the manufacture of vermilion had become a task more suited to a chemist than to a painter. In *Il libro dell'arte* (chap. 40; see n. 6 above), Cennini is eloquent on the subject:

> Red is a color whose name is cinnabar; and this color is made by alchemy, worked in a still; and because it would take too long, I will not tell any recipe. The reason? Because, if you want to tire yourself out, you will find many recipes, especially if you become a friend of friars. But I advise you, so as not to lose time with the many variations of its manufacture, to use the kind that you can buy from apothecaries. . . .

> ("Rosso è un colore che si chiama cinabrio; e questo color si fa per archimia, lavorato per lambicco; del quale, perché sarebbe troppo longho a porrer nel mio dire ogni modo e ricetta, lascio stare. La ragione? Perché, se ti vorrai affaticare, ne troverrai assai ricette, e spezialmente pigliando amistà di frati. Ma io ti consiglio, perché non perda tempo nelle molte svariazion di pratiche, pigli pur di quel che truovi da'speziali per lo tuo denaro. . . .")

The English translation is ours.

30. Interference colors are observed through the polarizing microscope; they are produced by polarized light as it passes through a sample. The phenomenon occurs when certain visible frequencies interfere with each other, causing additive or subtractive combinations of frequencies, which produce a change in the resulting observed color.

31. Latin Manuscript 6741, ff272 and 273, Biblioteca Universitaria di Bologna, Bologna, Italy.

32. See R. Jacobi, "Überden in der Malerai Verwendeten Gelben Farbstoff der alten Meister," *Angewandte Chemie* 54 (1941): 28–29.

33. E. Martin and A. R. Duval, "Les deux variétés de jaune de plomb et d'étain: Étude chronologique," *Studies in Conservation* 35 (1990): 117–36.

34. Joyce Plesters, "A Technical Examination of Some Panels from Sassetta's Sansepulcro Altarpiece," *National Gallery Technical Bulletin* 1 (London, 1977): 13.

35. P. McTaggart and A. MacTaggart, "Refiners' Verditer," *Studies in Conservation* 25 (1980): 37–45.

36. X-ray diffraction is one of the most precise techniques for the identification of crystalline substances. It consists in radiating a sample with X-rays, and recording how those rays are diffracted (deviated) by the sample. Each compound diffracts X-radiation in a particular manner, so that the study of the record allows the identification of the compounds.

37. Interference figures can be observed through the polarizing microscope. They are produced when conoscopic polarized light passes through a sample; in some zones the light rays interfere with each other, becoming mutually destructive and producing dark figures as a result. Other effects of interfering light waves have been described in note 30.

38. X-ray fluorescence is produced when the atoms in a sample are irradiated with electrons. Each chemical element in the sample reacts to this radiation, generating X-rays at frequencies that are characteristic of the element producing them. For analytical purposes, the energy of these X-rays is detected and recorded, producing a spectrum (see n. 10); since each of the elements generates X-rays of specific frequencies, we can identify them by specifying the energy of each peak in the spectrum. This analytical technique gives information on the individual elements present in the sample, but does not identify the compound directly.

39. At low energies, the L∝1 bromine peak is easily confused with the K∝1 peak for aluminum. At the higher energy level of 20 kilovolts, it should be possible to view the K∝1 peak for bromine at 11.9 thousand electron volts, but in this case, continual efforts to locate bromine were unsuccessful.

que quería pintar con azul y blanco, cada poco tiempo le pedía al prior (que de mala gana abría su bolsita) que pusiera el ultramarino en el recipiente que contenía el aglutinante; y habiendo comenzado el trabajo, a cada segunda pincelada Pietro mojaba su pincel en la pequeña vasija de agua, de forma que había más ultramarino en el agua del que realmente estaba siendo aplicado a la pintura; y el prior, que veía su pequeña bolsa de ultramarino cada vez más vacía, y que la pintura no progresaba mucho, repetía una y otra vez:

> —¡Ay, cuánto ultramarino se lleva este yeso [de la imprimación]!—
> —Pues ya ve—, replicaba Pietro.

Cuando el prior se marchó, Pietro recuperó el ultramarino del fondo de la vasija, y entonces, cuando le pareció oportuno, se lo devolvió al prior y comentó:

> —Padre, esto es suyo: aprenda a confiar en personas honestas que nunca engañan a los que confían en ellos, pero que sabrían, si quisieran, engañar al malpensado, como usted—.

Giorgio Vasari, *Lives of the Artists,* traducido al inglés por George Bull (Londres, 1987), p. 93. La traducción española es nuestra.

29. La manufactura del bermellón se conoció en occidente en la baja Edad Media, pero a inicios del renacimiento su producción era una tarea más propia de farmaceúticos que de pintores; en *Il libro dell'arte* (cap. 40; véase nota 6, ya citada), Cennini es elocuente al respecto:

> Rojo es un color que se llama cinabrio; y este color se hace por alquimia, elaborado en un alambique; lo que, como será muy largo de contar, dejo estar. ¿El motivo? Porque si quieres fatigarte, encontrarás muchas recetas, especialmente si te haces amigo de frailes. Pero yo te aconsejo, para no perder tiempo con las múltiples variaciones que tales prácticas tienen, que compres con tu dinero el que encontrarás ya preparado por los boticarios. . . .
>
> (Rosso è un colore che si chiama cinabrio; e questo color si fa per archimia, lavorato per lambicco; del quale, perché sarebbe troppo longho a porrer nel mio dire ogni modo e ricetta, lascio stare. La ragione? Perché, se ti vorrai affaticare, ne troverrai assai ricette, e spezialmente pigliando amistà di frati. Ma io ti consiglio, perché non perda tempo nelle molte svariazion di pratiche, pigli pur di quel che truovi da'speziali per lo tuo denaro. . . .)

La traducción española es nuestra.

30. Los colores de interferencia se pueden observar mediante el microscopio de polarización. Cuando los rayos de luz polarizada atraviesan una muestra, se producen interferencias entre algunas frecuencias visibles, causando combinaciones aditivas o substractivas, que a su vez producen anomalías en los colores resultantes.

31. Ms. Lat. 6741, párrafos 272 y 273, Biblioteca Universitaria di Bologna. Este texto es también conocido como "manuscrito de Bolonia."

32. R. Jacobi, "Überden in der Malerai Verwendeten Gelben Farbstoff der alten Meister," *Angewandte Chemie* 54 (1941): 28–29.

33. E. Martin y A. R. Duval, "Les deux variétés de jaune de plomb et d'étain: Étude chronologique," *Studies in Conservation* 35 (1990): 117–36.

34. Joyce Plesters, "A Technical Examination of Some Panels from Sassetta's Sansepulcro Altarpiece," *National Gallery Technical Bulletin* 1 (London, 1977): 13.

35. P. MacTaggart y A. MacTaggart, "Refiners' Verditer," *Studies in Conservation* 25 (1980): 37–45.

36. La difracción de rayos X es una de las técnicas más precisas y seguras para la identificación de compuestos cristalinos. Consiste en irradiar una muestra con rayos X, y registrar la manera en que esos rayos son difractados (desviados) de su trayectoria original. Cada compuesto difracta los rayos X de una manera característica, de forma que su interpretación permite identificación de los compuestos.

37. Las figuras de interferencia se pueden detectar observando una muestra en un microscopio de polarización. Cuando la luz polarizada conoscópica atraviesa la muestra, algunos rayos luminosos interfieren entre sí, eliminándose mutuamente, y producen zonas oscuras que forman figuras características. En la nota 30 se han descrito otros efectos de la interferencia de rayos luminosos.

38. La fluorescencia de rayos X se produce al bombardear una muestra con electrones; ante este bombardeo, cada elemento químico reacciona generando rayos X de frecuencias determinadas. Es posible detectar esos rayos X y registrarlos, formando un espectro (véase nota 10); como cada elemento devuelve rayos X formando un conjunto de frecuencias distinto de los demás, identificando esas frecuencias (que forman "picos" en el espectro), se puede reconocer qué elementos químicos están presentes en la muestra (aunque no cómo se han combinado entre sí, es decir, qué *compuestos* forman).

39. A bajas energías, el pico $L\alpha_1$ del bromo es confundible con el pico $K\alpha_1$ del aluminio; se ha intentado aplicar mayores energías (20 kilovoltios) para detectar el pico $K\alpha_1$ de bromo (que está situado a 11,9 KeV), pero sin resultados concluyentes.

List of Codices Studied

This list includes all the books from which samples have been taken and analyzed. All manuscripts originated in Naples and date from the last third of the fifteenth century, with the exception of MS 405, which dates from the fourteenth century; all of them belong to the collections of the Biblioteca General e Histórica de la Universidad de Valencia (Historical Library of the University of Valencia). Except for scattered minor flaking and local discoloration of silver foil, lead white, and red lead, the manuscripts are in good condition; the paintings have never undergone restoration.

For each codex the following is given: Call number; author of the text (if known); title (sampled folios); illuminator of the paintings; precise date of production (if known).

MS 44: Vincente de Beauvais;[1] *Speculum historiae* (fol. 1r); attributed to Cola Rabicano.[2]

MS 47: Saint Thomas Aquinas; *Quaestiones de spiritualibus creaturi sancti* (fol. 1r; capital letter of book 2, chapter 5 – folios not numbered); Cola Rabicano; 1480.[3]

MS 55: Macrobio; *Saturnalia* (fol. 1r); attributed to Cola Rabicano.[4]

MS 391: *Choir Book* (fol. 1r); attributed to Cristoforo Majorana.[5]

MS 405: Saint Thomas Aquinas; *Cathena aurea* (fol. 1r); unknown illuminator; 14th century.[6]

MS 413: Homer; *Iliad* (fol. 1r; fol. 117v); attributed to Gioacchino di Giovanni de Gigantibus.[7]

MS 691: Pliny the Elder; *Natural History* (fol. 1r); attributed to Cola Rabicano.[8]

MS 692: Quintilian; *De institutione oratoria* (fol. 1r); attributed to Cola Rabicano.[9]

MS 720: Francesco Barbaro; *De re uxoria* (fol. 1r; fol. 70r); Cola Rabicano; 1473.[10]

MS 758: Aesop; *Vita et fabulae* (fol. 1r; fol. 75r; fol. 76r); Cristoforo Majorana; 1481.[11]

MS 887: *Breviarium romanum* (fol. 536r); unknown illuminator.

NOTES

1. Also known as Vincentius Belvacensis.

2. Tammaro De Marinis, *La biblioteca napoletana dei re d'Aragona* (Milan, 1947) vol. 1, p. 147.

3. The codex is precisely described in a *cedola* (administrative document of the Aragonese king's court) that registers a payment to Rabicano for its painting. The *cedola* is dated 30 November 1480.

4. De Marinis, *La biblioteca...*, vol. 1, p. 147, and vol. 2, p. 103; Antonella Putaturo Murano, *Miniature napoletane del Rinascimento* (Naples, 1973), 28.

5. De Marinis, *La biblioteca...*, vol. 1, p. 153, and vol. 2, p. 10. Putaturo Murano (*Miniature napoletane...*, p. 48, footnote 72) attributes the paintings to "the master of Themistius."

6. Mazzatinti suggests that this codex could have been painted in 1481 by Cola Rabicano, because a document exists that mentions a certain *Catena aurea* painted by Rabicano (G. Mazzatinti, *La biblioteca dei re d'Aragona in Napoli* (Rocca S. Casciano, 1897), p. 158). However, characteristics of MS 405 are totally different from those described in the document; its paleographical features are typical of fourteenth-century works; and the style of the paintings is very distinct from that observed in books painted by Rabicano.

7. De Marinis, *La biblioteca...*, vol. 1, p. 150. Putaturo Murano (*Miniature napoletane...*, p. 33) attributes it to a follower of Gioacchino.

8. De Marinis, *La biblioteca...*, vol. 2, p. 151. MS 691 is unusual in that it contains two frontispieces, painted in very different styles. (The text begins in fol. 1r, and then in fol. 3r it begins anew and continues normally). The reason the two first pages were sewn in front of the others is unknown.

9. Mazzatinti (*La biblioteca...*, xxix and p. 154) identifies this codex with the one mentioned in a *cedola* dated 26 March 1474; however, that document does not include any description of the codex, so we cannot accept it as certain evidence of Rabicano's authorship.

10. The paintings are precisely described in a *cedola* dated 30 October 1473.

11. The paintings are precisely described in a *cedola* dated 16 February 1481.

Lista de códices estudiados

En esta lista se incluyen todos los libros de los que se han tomado y analizado muestras. Todos ellos fueron producidos en Nápoles en el último tercio del siglo XV, con la excepción del Ms. 405, que data del siglo XIV; todos están conservados en la Biblioteca General e Histórica de la Universidad de Valencia. Excepto por alguna escamación ocasional, y por la alteración de la plata, del blanco de plomo, y del rojo de plomo, las pinturas miniadas de estos códices se hallan en buen estado de conservación, y nunca han sido restauradas.

Para cada códice se ofrece la siguiente información: Referencia de catálogo; autor del texto (si se conoce); título (folios de los que se han tomado muestras); artista; y fecha de elaboración (si se conoce).

Ms. 44: Vincente de Beauvais;[1] *Speculum historiae* (fol. 1r°); atribuido a Cola Rabicano.[2]

Ms. 47: Santo Tomás de Aquino; *Quaestiones de spiritualibus creaturi sancti* (fol. 1r°; capital del libro 2, capítulo 5 – hoja no numerada); Cola Rabicano, 1480.[3]

Ms. 55: Macrobio; *Saturnalia* (fol. 1r°); atribuido a Cola Rabicano.[4]

Ms. 391: *Libro de coro* (fol. 1r°); atribuido a Cristoforo Majorana.[5]

Ms. 405: Santo Tomás de Aquino; *Cathena aurea* (fol. 1r°); anónimo; siglo XIV.[6]

Ms. 413: Homero: *Ilíada* (fol. 1r°; fol. 117v°); atribuido a Gioacchino di Giovanni de Gigantibus.[7]

Ms. 691: Plinio el Viejo; *Natural History* (fol. 1r°); atribuido a Cola Rabicano.[8]

Ms. 692: Quintiliano; *De institutione oratoria* (fol. 1r°); atribuido a Cola Rabicano.[9]

Ms. 720: Francesco Barbaro; *De re uxoria* (fol. 1r°; fol. 70r°); Cola Rabicano; 1473.[10]

Ms. 758: Esopo; *Vita et fabulae* (fol. 1r°; fol. 75r°; fol. 76r°); Cristoforo Majorana; 1481.[11]

Ms. 887: *Breviarium romanum* (fol. 536r°); anónimo.

NOTAS

1. También conocido como Vincentius Belvacensis.

2. Tammaro De Marinis, *La biblioteca napoletana dei re d'Aragona* (Milan, 1947), vol. 1, p. 147.

3. Las pinturas de este códice aparecen descritas con detalle en una *cedola* (documento administrativo de la corte) en el que se registra un pago efectuado a Cola Rabicano por su realización. La *cedola* está fechada el 30 de noviembre de 1480.

4. De Marinis, *La biblioteca...*, vol. 1, p. 147, y vol. 2, p. 103; Antonella Putaturo Murano, *Miniature napoletane del Rinascimento* (Nápoles, 1973), p. 28.

5. De Marinis, *La biblioteca...*, vol. 1, p. 153, y vol. 2, p. 10. Putaturo Murano (*Miniature napoletane...*, p. 48, nota 72) atribuye las pinturas al "maestro del Temistio."

6. Mazzatinti sugiere que este códice pudo haber sido pintado por Cola Rabicano en 1481, porque existe un documento en el que se menciona una *Catena aurea* pintada por Rabicano (G. Mazzatinti, *La biblioteca dei re d'Aragona in Napoli* (Rocca S. Casciano, 1897), p. 158). Sin embargo, las características del Ms. 405 son muy diferentes de las que se describen en el documento; sus rasgos paleográficos son típicos del siglo XIV; y el estilo de las pinturas es muy claramente distinto del estilo de Rabicano.

7. De Marinis, *La biblioteca...*, vol. 1, p. 150. Putaturo Murano (*Miniature napoletane...*, p. 33) lo atribuye a un seguidor de Gioacchino.

8. De Marinis, *La biblioteca...*, vol. 2, p. 151. El Ms. 691 contiene dos frontispicios, pintados en estilos muy distintos (el texto comienza en el folio 1r°, y vuelve a comenzar en el folio 3r° para continuar normalmente). No se conoce la razón por la que las dos primeras páginas fueron encuadernadas en este volumen.

9. Mazzatinti (*La biblioteca...*, xxix y p. 154) identifica este códice con el que se menciona en una *cedola* fechada el 26 de marzo de 1474; sin embargo, ese documento no incluye la descripción de ningún códice, y por lo tanto no puede ser aceptada como prueba concluyente de la autoría de Rabicano.

10. Las pinturas están descritas con precisión en una *cedola* fechada el 30 de octubre de 1473.

11. Las pinturas están descritas con precisión en una *cedola* fechada el 16 de febrero de 1481.

List of Samples and Summary of Results

This list includes all samples taken for this study. For each sample, the following information is given:

Sample number;

Apparent color;

Description of the sample area;

XY coordinates expressed in centimeters (origin of coordinates always being the lower left corner of the folio in question);

Results of microscopic examination;

Results of chemical elemental analysis using energy-dispersive X-ray fluorescence (EDX). If different results have been obtained through subsequent analyses of the same sample, they are listed with a slash separator. Elements present in major proportions are shown in bold type; those present in minor proportions are in plain roman type; those in trace amounts are in parentheses. And finally,

Interpretation of analysis. The additional use of X-ray diffraction (XRD) or Fourier-transform infrared reflectography (FT-IR) for the positive identification of pigments is indicated where these methods were used.

ANALYTICAL TECHNIQUES

Ninety-eight samples were taken from eleven codices in the collection of the Historical Library of the University of Valencia and were analyzed to identify pigments and binding media. Sampling was carried out *in situ* at the Historical Library, using a sharpened microneedle and working under a binocular microscope. Sample size was kept to a minimum, given the small dimensions of the paintings. (The decorated capitals, for example, measure only a few square centimeters.) A portion of each sample was mounted on a carbon planchet for scanning electron microscopy and energy-dispersive X-ray fluorescence (SEM/EDX) analysis at the Polytechnic University of Valencia. A second portion was mounted onto a glass microscope slide, using a mounting medium with a refraction index of 1.54, and was studied under a polarizing light microscope at the Geology Department of the Polytechnic University. Further analyses were carried out at Harvard University, using SEM/EDX, polarized light microscopy, XRD, and FT-IR.

Lista de muestras y resumen de resultados

La lista siguiente incluye todas las muestras tomadas para la realización de este estudio. Para cada muestra se indica:

Número de muestra;

Color aparente de la muestra extraida;

Descripción de la zona de extracción;

Coordenadas XY del punto de extracción, expresadas en centímetros. El punto de origen de las coordenadas es siempre la esquina inferior izquierda del folio en cuestión;

Descripción de los resultados de la observación microscópica;

Descripción de los resultados de los análisis químicos elementales, obtenidos mediante fluorescencia de rayos X (EDX). Si los análisis sucesivos han producido resultados diferentes, y éstos se han considerados significativos, se han incluido en la lista, separados por una barra. Los elementos presentes en proporciones grandes aparecen en letra negrilla; aquellos presentes en proporciones pequeñas aparecen en tipo normal; y aquellos presentes en cantidades mínimas están entre paréntesis; y

Resultados analíticos. Cuando la identificación positiva de un pigmento se ha obtenido empleando difracción de rayos X (XRD) o Fourier-transform microespectroscopía de infrarrojos (FT-IR), ellos se han indicadas expresamente.

TÉCNICAS DE ANÁLISIS

Se tomaron noventa y ocho micromuestras de once códices pertenecientes a la Biblioteca General e Histórica de la Universidad de Valencia para el análisis e identificación de pigmentos y aglutinantes. La toma de muestras se desarrolló en la propia biblioteca, mediante una aguja de manipulación y trabajando a través de un microscopio estereoscópico. El tamaño de las muestras fue siempre mínimo, dado el tamaño de las pinturas (las capitales, por ejemplo, miden solamente unos pocos centimetros cuadrados). Una parte de cada muestra fue montada en un disco de carbono para su estudio mediante microscopía electrónica de barrido (SEM – scanning electron microscopy) y fluorescencia de rayos (EDX – energy-dispersive X-ray fluorescence) en la Universidad Politécnica de Valencia. Otra parte de la muestra fue montada en un portaobjetos con un medio con un índice de refracción de 1,54, para su estudio mediante microscopía de polarización en el Departamento de Geología de la Universidad Politécnica. En la Universidad de Harvard se desarrollaron análisis mediante SEM/EDX, microscopía de polarización, difracción de rayos X, y espectroscopía de infrarrojos.

Table I: Pigments Identified in the Manuscripts

MS No.	red lake	red lead	red ochre	vermilion	yellow ochre	yellow lake	lead tin yellow	gold paint	gold leaf	mosaic gold	malachite	green verditer	azurite	lapis	purple lake	purple mixed	silver leaf	lead white	gypsum	calcite	carbon black
44 RAB‡	+	+		+			+	+	+			+		+		+	+	+			
47 RAB*	+	+	+		+		+	+	+	+	+	+	+	+	+			+	+	+	
55 RAB‡	+				+	+		+	+		+		+						+		
391 MAJ‡	+				+							+	+								
405 ?		+							+				+						+		+
413 GIO‡	+	+					+		+		+	+	+								+
691 RAB‡	+	+					+		+		+			+			+		+		+
692 RAB‡	+	+	+	+	+		+		+		+		+	+					+		
720 RAB*	+	+			+		+		+		+	+		+					+		+
758 MAJ*	+				+	+			+		+		+	+	+	+	+		+		
887 ?	+			?			+		+		+	+	+	+							

Key

Artists

RAB = Cola Rabicano

MAJ = Cristoforo Majorana

GIO = Gioacchino di Giovanni de Gigantibus

? = unknown artist

+ Pigment present

** Documental attribution of artist*

‡ Attributed to artist on stylistic grounds

Tabla I: Pigmentos identificados en los manuscritos

MS No.	laca roja	rojo de plomo	ocre rojo	bermellón	ocre amarillo	laca amarilla	amarillo de estaño y plomo	pigmento de oro	hoja de oro	oro mosaico	malaquita	verde verditer	azurita	lapislázuli	laca púrpura	mezcla púrpura	hoja de plata	blanco de plomo	yeso	calcita	negro de carbono
44 RAB‡	+	+		+			+	+	+			+		+		+	+	+			
47 RAB*	+	+	+		+		+	+	+	+	+	+	+	+	+			+	+	+	
55 RAB‡	+				+	+		+	+		+		+						+		
391 MAJ‡	+				+							+	+								
405 ?		+							+				+						+		+
413 GIO‡	+	+					+		+		+	+	+								+
691 RAB‡	+	+					+		+		+			+			+		+		+
692 RAB‡	+	+	+	+	+		+		+		+		+	+					+		
720 RAB*	+	+			+		+		+		+	+		+					+		+
758 MAJ*	+				+	+			+		+		+	+	+	+	+		+		
887 ?	+			?			+		+		+	+	+	+							

Clave

Artistas:

RAB = Cola Rabicano

MAJ = Cristoforo Majorana

GIO = Gioacchino di Giovanni de Gigantibus

? = Artista desconocido

+ Pigmento presente

** Atribución documental del artista*

‡ Atribución estilística

Pigment Tests

MS 44 Illuminations attributed to Cola Rabicano
Vincente de Beauvais, *Speculum historiae,* folio 1, recto
Naples, last third of 15th century

Sample	Color	Sample Area	X,Y (in cm)	Microscopy	Chemistry	Pigment Identification
1	blackened silver	medallion in capital letter	9.0 x 29.0	silver foil, traces of binding media, lead white, gypsum?	**Ag, Ca,** Pb, (S, Cl, Si, Fe, Al, P)	silver foil, lead white, traces of binding media, gypsum?
2	purple	around coat of arms	12.0 x 3.0	lapis, red lake, binding media, gold foil, lead white	**Au, Pb,** Ca, Si, S, (Al, K, Na, Fe)/**Au, Ca,** K, S, Si, **Al**	lapis, lead white, red lake, gold foil
3	green (darker zone)	foliage around coat of arms (lower center, darker)	11.7 x 2.4	green verditer, traces of vermilion	**Pb, Cu,** Ca, (S, Si, Al)/ **Cu,** S/**Cu, Pb, Sn,** Ca	Green verditer,* lead tin yellow
4	green (lighter zone)	foliage around coat of arms	11.7 x 2.4	green verditer, lead white or lead tin yellow	**Pb, Cu,** Ca, (K, Si, Al)/**S, Pb,** K, Ca, **Cu,** (Cl), (Si), (Al)	green verditer,† lead white
5	orange	book in medallion in left border	2.5 x 8.7	red lead	Pb, (Si, K, Ca)	red lead
6	blue	lower left corner	1.5 x 2.4	lapis, minor quartz, lead white	**Si, Pb,** Al, Ca, (Na, S, K)	lapis with quartz, lead white
7	red	lower left corner	1.5 x 2.4	red lake, traces of silver foil	**Al, Pb,** Ca, (Si, S, K)	red lake, traces of calcite and lead white
8	golden leaf	lower left corner	1.5 x 2.4	metal leaf, vermilion, gypsum	**Au,** Ca, (Si, K, Al)	gold foil, gypsum, vermilion
9	golden pigment	lower left corner	1.5 x 2.4	gold fragments	**Au,** Pb, Ca, S, K, Si, Al	gold paint
10	faded green (and golden paint)	right border (next to medallion with ermine)	24.0 x 9.0	gold fragments, yellow-green glaze	**Pb, Ca,** K, S, (Al, Si, P)/**Ca, K, S,** (P), (Al)	metal foil in yellow-green glaze

Key **Major** element: **bold** type   Minor element: plain roman type   (Trace) element: (parentheses)

* *Basic copper carbonate identified through XRD*

† *Basic copper carbonate identified through FT-IR*

Análisis de pigmentos

MS 44 Miniaturas atribuidas a Cola Rabicano
Vincente de Beauvais, *Speculum historiae*, folio 1, recto
Nápoles, último tercio del siglo XV

Muestra	Color	Zona de muestreo	X,Y (en cm.)	Análisis microscópico	Análisis químico	Pigmentos identificados
1	Plata oscurecida	Medallón en la letra capital	9.0 x 29.0	Hoja de plata, trazas de aglutinante, blanco de plomo, ¿yeso?	**Ag, Ca,** Pb, (S, Cl, Si, Fe, Al, P)	Hoja de plata, blanco de plomo, trazas de aglutinante, ¿yeso?
2	Púrpura	En torno al escudo nobiliario	12.0 x 3.0	Lapislázuli, laca roja, aglutinante, hoja de oro, blanco de plomo	**Au, Pb,** Ca, Si, S, (Al, K, Na, Fe)/**Au, Ca,** K, S, Si, **Al**	Lapislázuli, blanco de plomo, laca roja, hoja de oro
3	Verde oscuro	Decoración vegetal en torno al escudo nobiliario (zona oscura en la parte central inferior)	11.7 x 2.4	Verde verditer, trazas de bermellón	**Pb, Cu,** Ca, (S, Si, Al)/ **Cu,** S/**Cu, Pb, Sn,** Ca	Verde verditer,* amarillo de estaño y plomo
4	Verde claro	Decoración vegetal en torno al escudo nobiliario	11.7 x 2.4	Verde verditer; blanco de plomo o amarillo de estaño y plomo	**Pb, Cu,** Ca, (K, Si, Al)/**S, Pb,** K, Ca, **Cu,** (Cl), (Si), (Al)	Verde verditer,† blanco de plomo
5	Naranja	Libro en el medallón del tramo izquierdo de la orla	2.5 x 8.7	Rojo de plomo	Pb, (Si, K, Ca)	Rojo de plomo
6	Azul	Esquina inferior izquierda	1.5 x 2.4	Lapislázuli, presencia de cuarzo, blanco de plomo	**Si, Pb,** Al, Ca, (Na, S, K)	Lapislázuli con cuarzo, blanco de plomo
7	Rojo	Esquina inferior izquierda	1.5 x 2.4	Laca roja, trazas de hoja de plata	**Al, Pb,** Ca, (Si, S, K)	Laca roja, trazas de calcita y blanco de plomo
8	Hoja dorada	Esquina inferior izquierda	1.5 x 2.4	Hoja de oro, bermellón, yeso	**Au,** Ca, (Si, K, Al)	Hoja de oro, yeso, bermellón
9	Pigmento dorado	Esquina inferior izquierda	1.5 x 2.4	Fragmentos dorados	**Au,** Pb, Ca, S, K, Si, Al	Pintura de oro
10	Verde decolorado (con pintura dorada)	Tramo derecho de la orla (próximo al medallón con el armiño)	24.0 x 9.0	Fragmentos dorados, veladura verde-amarillenta	**Pb, Ca,** K, S, (Al, Si, P)/**Ca, K, S,** (P), (Al)	Hoja metálica, veladura verde-amarillenta

Clave Elemento **abundante: negrita** Elemento menor: tipo normal Elemento (en trazas): (entre paréntesis)

* *Carbonato básico de cobre, identificado mediante XRD*

† *Carbonato básico de cobre, identificado mediante FT-IR*

MS 47 Cola Rabicano, illuminator
Saint Thomas Aquinas, *Quaestiones de spiritualibus creaturi sancti,* folio 1, recto; capital letter (bk. 2, chap. 5)
Naples, 1480

Sample	Color	Sample Area	X,Y (in cm)	Microscopy	Chemistry	Pigment Identification
1	blue	outside border, lower left corner	2.1 x 3.7	lapis, lead white	**Pb,** Si, (Ca, Al, Na, K)	lapis, lead white
2	lighter blue	outside border, lower left corner	2.1 x 3.7	lapis, lead white, traces of green	**Pb, Si,** Al, (Ca, Na, K, Mg)	lapis, charcoal, lead white, quartz
3	green glaze	foliage, lower left corner	2.7 x 4.0	malachite, gypsum	**Cu, Ca,** S, (Si, K), (Fe), Ag	malachite, gypsum, silver
4	green	foliage, lower left corner	2.7 x 4.0	malachite, lead white; traces of azurite, green verditer, red ochre	**Cu,** Pb, Ca, (S, Si, K)	malachite, lead white; traces of azurite, green verditer, red ochre
5	white	foliage, lower left corner	2.2 x 4.4	white to yellow grains (very dispersed)	**Pb, Sn,** (Ca, Si, Al)	lead tin yellow
6	pink	foliage, lower left corner	1.0 x 4.2	red lake; particles of lead white; ochre?	**Pb,** S, Ca, (Fe, Al, Si, K)	lead white, red lake, gypsum, traces of orange-yellow ochre
7	golden pigment	golden foliage around coat of arms	10.5 x 5.0	transparent, strong-cleavage, yellow crystals	**Sn, S**	mosaic gold
8	purple	purple zone around coat of arms	12.1 x 6.8	gum arabic,‡ purple transparent stain/lake	**Ca,** (K, S, Si, Al, P)	calcium carbonate, purple dye
9	red and golden pigments	red bars in coat of arms	11.7 x 5.9	red lead	**Pb,** S, Al, (Ca, Si, K)/**Au,** Ca	red lead, gold leaf, gypsum
10	golden leaf	foliage, lower left corner	0.6 x 5.1	gold leaf, red lead, red lake, transparent yellow crystals	**Pb, Au,** Ca, S, Si, Al, Fe	gold foil, red lead, mosaic gold, red lake, gypsum
11	golden pigment	swan, lower left corner	0.7 x 10.1	opaque particles	**Au,** (Ca, Si)	gold
12	golden paint	capital letter, bk. 2, chap. 5	4.2 x 12.0	transparent, anisotropic, deep yellow crystals	**Sn, S**	mosaic gold
13	green	foliage in capital, bk. 2, chap. 5	7.0 x 11.4	very fine, anisotropic, radiated crystals of green verditer; traces of azurite	**Cu,** Pb, (Si, S, Ca, Fe, K, Al)	green verditer, lead white, traces of azurite
14	pink	foliage in capital, bk. 2, chap. 5	6.6 x 11.2	red lake, lead white	**Pb,** Al, (Ca)	lead white, red lake
15	darkened pigments	foliage in capital, bk. 2, chap. 5	2.6 x 11.1	coarse red lead	**Pb,** S, (K, Ca), (Fe)	red lead, with blackened areas
16	red (by darkened pigments of #15)	foliage in capital, bk. 2, chap. 5	2.6 x 11.3	red lead, red lake, lead white	**Pb,** Ca, (Si, K, Al)	red lead, red lake, lead white
17	white	foliage in capital, bk. 2, chap. 5	4.2 x 11.	lead white, traces of red lake, green pigment	**Pb**	lead white
18	golden leaf	foliage in capital, bk. 2, chap. 5	7.0 x 11.3	gold foil, gypsum, red ochre	**Ca, S, Au,** (Al, Si, Fe)	gold foil, gypsum with red ochre

Key **Major** element: **bold** type (Trace) element: (parentheses) Minor element: plain roman type
‡ *Identified through FT-IR*

MS 47 Iluminado por Cola Rabicano

Santo Tomás de Aquino, *Quaestiones de spiritualibus creaturi sancti,* folio 1, recto; letra capital (libro 2, cap. 5)

Nápoles, 1480

Muestra	Color	Zona de muestreo	X,Y (en cm.)	Análisis microscópico	Análisis químico	Pigmentos identificados
1	Azul	Esquina inferior izquierda de la orla, zona exterior	2.1 x 3.7	Lapislázuli, blanco de plomo	**Pb,** Si, (Ca, Al, Na, K)	Lapislázuli, blanco de plomo
2	Azul claro	Esquina inferior izquierda de la orla, zona exterior	2.1 x 3.7	Lapislázuli, blanco de plomo, trazas de verde	**Pb, Si,** Al, (Ca, Na, K, Mg)	Lapislázuli, carboncillo, blanco de plomo, cuarzo
3	Veladura verde	Decoración vegetal, esquina inferior izquierda de la orla	2.7 x 4.0	Malaquita, yeso	**Cu, Ca,** S, (Si, K), (Fe), Ag	Malaquita, yeso, plata
4	Verde	Decoración vegetal, esquina inferior izquierda de la orla	2.7 x 4.0	Malaquita, blanco de plomo; trazas de azurita, verde verditer, ocre rojo	**Cu,** Pb, Ca, (S, Si, K)	Malaquita; blanco de plomo; trazas de azurita, verde verditer, ocre rojo
5	Blanco	Decoración vegetal, esquina inferior izquierda de la orla	2.2 x 4.4	Partículas blanquecinas y amarillentas, muy dispersas	**Pb, Sn,** (Ca, Si, Al)	Amarillo de estaño y plomo
6	Rosa	Decoración vegetal, esquina inferior izquierda de la orla	1.0 x 4.2	Laca roja, partículas de blanco de plomo, ¿ocre?	**Pb,** S, Ca, (Fe, Al, Si, K)	Blanco de estaño y plomo, laca roja, yeso, trazas de ocre anaranjado-amarillento
7	Pigmento dorado	Decoración vegetal dorada en torno al escudo nobiliario	10.5 x 5.0	Cristales amarillos transparentes, con marcada fractura cristalina	**Sn, S**	Oro mosaico
8	Púrpura	Zona púrpura en torno al escudo nobiliario	12.1 x 6.8	Goma arábiga,‡ tinta o laca transparente púrpura	**Ca,** (K, S, Si, Al, P)	Carbonato de calcio, tinte púrpura
9	Rojo y pigmento dorado	Barras rojas en el escudo nobiliario	11.7 x 5.9	Rojo de plomo	**Pb,** S, Al, (Ca, Si, K)/**Au,** Ca	Rojo de plomo, hoja de oro, yeso

Clave Elemento **abundante: negrita** Elemento menor: tipo normal Elemento (en trazas): (entre paréntesis)

‡ *Identificado mediante FT-IR*

(Continúa en la página siguiente)

(MS 47—viene de página anterior)

Muestra	Color	Zona de muestreo	X,Y (en cm.)	Análisis microscópico	Análisis químico	Pigmentos identificados
10	Hoja dorada	Decoración vegetal, esquina inferior izquierda de la orla	0.6 x 5.1	Hoja de oro; rojo de plomo; laca roja; cristales amarillos transparentes, con marcada fractura cristalina	**Pb, Au,** Ca, S, Si, Al, Fe	Hoja de oro, rojo de plomo, oro mosaico, laca roja, yeso
11	Pigmento dorado	Cisne, esquina inferior izquierda de la orla	0.7 x 10.1	Partículas opacas	**Au,** (Ca, Si)	Oro
12	Pigmento dorado	Letra capital del capítulo 5 del libro segundo	4.2 x 12.0	Cristales transparentes y anisotrópicos de color amarillo oscuro	**Sn, S**	Oro mosaico
13	Verde	Decoración vegetal en la letra capital del capítulo 5 del libro segundo	7.0 x 11.4	Cristales pequeños, anisotrópicos, y radiados de verde verditer; trazas de azurita	**Cu,** Pb, (Si, S, Ca, Fe, K, Al)	Verde verditer, blanco de plomo, trazas de azurita
14	Rosa	Decoración vegetal en la letra capital del capítulo 5 del libro segundo	6.6 x 11.2	Laca roja, blanco de plomo	**Pb,** Al, (Ca)	Blanco de plomo, laca roja
15	Pigmentos oscurecidos	Decoración vegetal en la letra capital del capítulo 5 del libro segundo	2.6 x 11.1	Rojo de plomo bastamente molido	**Pb,** S, (K, Ca), (Fe)	Rojo de plomo, con zonas oscurecidas
16	Rojo (en torno a los pigmentos de la muestra 15)	Decoración vegetal en la letra capital del capítulo 5 del libro segundo	2.6 x 11.3	Rojo de plomo, laca roja, blanco de plomo	**Pb,** Ca, (Si, K, Al)	Rojo de plomo, laca roja, blanco de plomo
17	Blanco	Decoración vegetal en la letra capital del capítulo 5 del libro segundo	4.2 x 11.2	Blanco de plomo, trazas de laca roja, pigmento verde	**Pb**	Blanco de plomo
18	Hoja dorada	Decoración vegetal en la letra capital del capítulo 5 del libro segundo	7.0 x 11.3	Hoja de oro, yeso, ocre rojo	**Ca, S, Au,** (Al, Si, Fe)	Hoja de oro, yeso con ocre rojo

Clave Elemento **abundante: negrita** Elemento menor: tipo normal Elemento (en trazas): (entre paréntesis)

‡ *Identificado mediante FT-IR*

Sample	Color	Sample Area	X,Y (in cm)	Microscopy	Chemistry	Pigment Identification
1	green	foliage in outer border, lower center	8.5 x 2.8	malachite, traces of azurite	**Pb,** S, Ca, Cu	malachite,* lead white, traces of azurite
2	gold leaf	foliage in outer border, lower center	8.6 x 2.7	gold, gypsum, yellow ochre	**Au,** Ca, S, (Fe)	gold leaf, gypsum, yellow ochre
3	golden pigment	emblem, lower left corner	3.0 x 4.3	gold	**Ca**	gold**
4	pink	emblem, lower left corner	3.4 x 4.8	red lake, lead white	**Pb**	red lake, lead white
5	clear glaze?	chin of upper *putto* in capital	5.8 x 29.2	lead white	**Pb/Pb,** Ca	lead white
6	yellow and gold pigments	yellow lines on blue area, upper center border	8.9 x 33.4	lead tin yellow, gold foil	**Pb,** (Ca), (K)	lead white, gold foil, lead tin yellow?

Key **Major** element: **bold** type Minor element: plain roman type (Trace) element: (parentheses)
* *Identified through XRD*
***Identified through microscopy*

MS 55 Miniaturas atribuidas a Cola Rabicano
Macrobio, *Saturnalia,* folio 1, recto
Nápoles, último tercio del siglo XV

Muestra	Color	Zona de muestreo	X,Y (en cm.)	Análisis microscópico	Análisis químico	Pigmentos identificados
1	Verde	Decoración vegetal en el exterior del tramo inferior de la orla	8.5 x 2.8	Malaquita, trazas de azurita	**Pb,** S, Ca, Cu	Malaquita,* blanco de plomo, trazas de azurita
2	Hoja dorada	Decoración vegetal en el exterior del tramo inferior de la orla	8.6 x 2.7	Oro, yeso, ocre amarillo	**Au,** Ca, S, (Fe)	Hoja de oro, yeso, ocre amarillo
3	Pintura dorada	Emblema, esquina inferior izquierda	3.0 x 4.3	Oro	**Ca**	Oro**
4	Rosa	Emblema, esquina inferior izquierda	3.4 x 4.8	Laca roja, blanco de plomo	**Pb**	Laca roja, blanco de plomo
5	Veladura transparente	Barbilla del *putto* superior de la capital	5.8 x 29.2	Blanco de plomo	**Pb/Pb,** Ca	Blanco de plomo
6	Pigmentos amarillos y dorados	Líneas amarillas sobre la zona azul, en la zona central superior del tramo inferior de la orla	8.9 x 33.4	Amarillo de estaño y plomo, hoja de oro	**Pb,** (Ca), (K)	Blanco de plomo, hoja de oro, amarillo de estaño y plomo

Clave Elemento **abundante: negrita** Elemento menor: tipo normal Elemento (en trazas): (entre paréntesis)
* *Identificado mediante XRD*
***Identificado mediante microscopía óptica*

Sample	Color	Sample Area	X,Y (cm)	Microscopy	Chemistry	Pigment Identification
1	green	green in foliage, lower left border	5.6 x 5.3	traces of red lake and lead white	**Cu,** S, Ca, (K), (Pb)	green verditer, gypsum, traces of red lake
2	yellow ochre	lower border of painting	4.1 x 3.0	ochre, yellow, traces of gold metal	**Fe, Si, Cl, K, Ca**	yellow ochre, traces of gold foil
3	blue	foliage, lower left corner	3.0 x 5.9	sample missing	**Cu,** S, Ca/**Cu, S, Ca, Cl,** (Si), (K), Pb	azurite, gypsum
4	blackened pigment	armor on reclining soldier	8.0 x 17.0	lead white, gypsum	**Ca, S,** Pb	blackened lead white, gypsum
5	purple	shield holding green book, right	23.0 x 15.7	azurite, red lake, gypsum	**Ca, Si,** K, S, Al, (Fe)	red lake, azurite, gypsum

Key **Major** element: **bold** type Minor element: plain roman type (Trace) element: (parentheses)

Muestra	Color	Zona de muestreo	X,Y (en cm.)	Análisis microscópico	Análisis químico	Pigmentos identificados
1	Verde	Decoración vegetal, esquina inferior izquierda	5.6 x 5.3	Trazas de laca roja y blanco de plomo	**Cu,** S, Ca, (K), (Pb)	Verde verditer, yeso, trazas de laca roja
2	Ocre amarillo	Zona inferior de la pintura	4.1 x 3.0	Ocre, amarillo, trazas de oro	**Fe, Si, Cl, K, Ca**	Ocre amarillo, trazas de hoja de oro
3	Azul	Decoración vegetal, esquina inferior izquierda	3.0 x 5.9	Muestra insuficiente	**Cu,** S, Ca/**Cu, S, Ca, Cl,** (Si), (K), Pb	Azurita, yeso
4	Pigmento oscurecido	Armadura del soldado reclinado	8.0 x 17.0	Blanco de plomo, yeso	**Ca, S,** Pb	Blanco de plomo oscurecido, yeso
5	Púrpura	Escudo bajo el libro, tramo derecho de la orla	23.0 x 15.7	Azurita, laca roja, yeso	**Ca, Si,** K, S, Al, (Fe)	Laca roja, azurita, yeso

Clave Elemento **abundante: negrita** Elemento menor: tipo normal Elemento (en trazas): (entre paréntesis)

Sample	Color	Sample Area	X,Y (in cm)	Microscopy	Chemistry	Pigment Identification
1	blue	blue background in capital letter	4.0 x 31.0	azurite, gypsum, metal foil?	**Cu,** (Pb, Ca, Si, S)/**Cu, Au, Ca,** K, S, (Cl), (Si), (Al)	azurite, gold foil, gypsum
2	red	cloud	4.6 x 32.2	extremely fine-ground red lead	**Pb,** S, (Ca)	red lead, gypsum
3	white	edge of medallion	5.6 x 31.9	lead white	**Pb,** S, (Cu, Ca)	lead white, gypsum
4	black	edge of capital letter	3.9 x 31.0	probably soot black	**Ca, Pb,** (S)	carbon black, gypsum, lead white
5	glazed golden leaf	Saint John's halo	4.7 x 34.8	opaque foil	**Au, Ca,** S, (Si)	gold foil, gypsum

Key **Major** element: **bold** type Minor element: plain roman type (Trace) element: (parentheses)

Muestra	Color	Zona de muestreo	X,Y (en cm.)	Análisis microscópico	Análisis químico	Pigmentos identificados
1	Azul	Fondo azul de la letra capital	4.0 x 31.0	Azurita, yeso, ¿hoja metálica?	**Cu,** (Pb, Ca, Si, S)/**Cu, Au, Ca,** K, S, (Cl), (Si), (Al)	Azurita, hoja de oro, yeso
2	Rojo	Nube	4.6 x 32.2	Rojo de plomo muy finamente molido	**Pb,** S, (Ca)	Rojo de plomo, yeso
3	Blanco	Borde del medallón	5.6 x 31.9	Blanco de plomo	**Pb,** S, (Cu, Ca)	Blanco de plomo, yeso
4	Negro	Borde de la letra capital	3.9 x 31.0	Probablemente negro de humo	**Ca, Pb,** (S)	Negro de carbono, yeso, blanco de plomo
5	Hoja dorada con veladura	Nimbo de San Juan	4.7 x 34.8	Hoja metálica opaca	**Au, Ca,** S, (Si)	Hoja de oro, yeso

Clave Elemento **abundante: negrita** Elemento menor: tipo normal Elemento (en trazas): (entre paréntesis)

MS 413 Illuminations attributed to Gioacchino di Giovanni de Gigantibus
Homer, *Iliad,* folio 1, recto; folio 117, verso
Naples, last third of 15th century

Sample	Color	Sample Area	X,Y (in cm)	Microscopy	Chemistry	Pigment Identification
1	blue	around coat of arms	10.8 x 5.7	azurite	**Cu, Pb, S,** Ca, Si, (Fe)	azurite with quartz, minor lead white, gypsum
2	black	defining cross in coat of arms	10.8 x 5.7	darkened glaze?, azurite	**Cu, Fe, K, Ca, S/Fe, Cu, K,** S, (Ca), (P), (Si), (Al)	azurite with quartz, brownish ochre, carbon black
3	red	vertical red bars in coat of arms	10.6 x 5.9	red lake, very finely ground red lead	Pb/S, (Ca, Si, Al)	red lake, fine-grained red lead
4	green	outer border, lower center	9.8 x 3.8	malachite, green verditer	**Cu,** (Ca, Al, As/Mg)/**Cu, Si,** Ca, (Fe)	malachite, green verditer
5	red glaze, golden leaf	inside interlacery, lower zone	5.6 x 4.8	gold, traces of red lake	Au, Ca, S, (Cl)	gold foil, red lake, azurite, traces of green verditer
6	gold	interlacery, lower left of capital letter in folio 117, verso	11.3 x 26.7	opaque foil	**Ca, S**	gold metal foil, gypsum
7	yellow	yellow line on gold interlacery, left, folio 117, verso	11.3 x 26.7	lead tin yellow, traces of red lake	**Pb,** (Sn)	lead tin yellow

Key **Major** element: **bold** type Minor element: plain roman type (Trace) element: (parentheses)

MS 413 Miniaturas atribuidas a Gioacchino di Giovanni de Gigantibus
Homero, *La Iliada,* folio 1, recto; folio 117, verso
Nápoles, último tercio del siglo XV

Muestra	Color	Zona de muestreo	X,Y (en cm.)	Análisis microscópico	Análisis químico	Pigmentos identificados
1	Azul	En torno al escudo de armas	10.8 x 5.7	Azurita	**Cu, Pb, S,** Ca, Si, (Fe)	Azurita con cuarzo, presencia de blanco de plomo, yeso
2	Negro	Trazo en cruz en el escudo nobiliario	10.8 x 5.7	¿Veladura oscurecida?, azurita	**Cu, Fe, K, Ca, S/Fe, Cu, K,** S, (Ca), (P), (Si), (Al)	Azurita con cuarzo, ocre marrón, negro de carbono
3	Rojo	Barras verticales en el escudo de armas	10.6 x 5.9	Laca roja, rojo de plomo finamente molido	Pb/S, (Ca, Si, Al)	Laca roja, rojo de plomo finamente molido
4	Verde	Zona exterior del tramo central inferior de la orla	9.8 x 3.8	Malaquita, verde verditer	**Cu,** (Ca, Al, As/Mg)/**Cu, Si,** Ca, (Fe)	Malaquita, verde verditer
5	Veladura roja, hoja dorada	Tracería *(bianchi girari)*, tramo inferior de la orla	5.6 x 4.8	Oro, trazas de laca roja	Au, Ca, S, (Cl)	Hoja de oro, laca roja, azurita, trazas de verde verditer
6	Dorado	Tracería *(bianchi girari)*; esquina inferior izquierda de la capital del folio 117, verso	11.3 x 26.7	Hoja metálica opaca	**Ca, S**	Hoja de oro, yeso
7	Amarillo	Línea amarilla en la tracería dorada de la capital del folio 117, verso	11.3 x 26.7	Amarillo de estaño y plomo, trazas de laca roja	**Pb,** (Sn)	Amarillo de estaño y plomo

Clave Elemento **abundante: negrita** Elemento menor: tipo normal Elemento (en trazas): (entre paréntesis)

MS 691 Illuminations attributed to Cola Rabicano
Pliny the Elder, *Natural History*, folio 1, recto
Naples, last third of 15th century

Sample	Color	Sample Area	X,Y (in cm)	Microscopy	Chemistry	Pigment Identification
1	green	landscape in medallion	14.0 x 4.0	malachite, gypsum	**Cu, Ca, S, Si,** K, Cl, (Al), (Fe), Pb	malachite, gypsum
2	dirty yellow	foliage to right of medallion	16.0 x 4.1	lead tin yellow; traces of lapis and gold foil	**Pb, Sn**	lead tin yellow, lead white?; traces of lapis, calcite, and gold foil
3	darkened foil	foliage to right of medallion	18.6 x 6.3	silver, traces of lapis and organic binder	**Ag,** Pb, (Si, Ca, S, Al, Na, Cl)	silver metal foil, lapis with traces of quartz, lead white
4	orange	*putto* ribbon	18.0 x 5.5	finely ground red lead	**Pb,** S, (Ca, Ag, K, Al)	red lead
5	yellow	*putto* robe	17.1 x 4.8	lead white with lead tin yellow	**S, Pb,** Ca/**(Pb)**	lead white, lead tin yellow
6	red	outside border, lower center zone	12.4 x 2.2	red lake, lead white, traces of lapis	**Ca,** Al, Pb, (S, Cl, K, Mg)	red lake, lead white, traces of lapis
7	blue	outside border, lower center zone	12.4 x 2.2	lapis, red lake, lead white	Pb, Si, Al, (Ca, Na, K)	red lake, lapis and quartz, lead white
8	gray foil	gray quarter in coat of arms	12.0 x 3.4	silver sulfide	**Ag,** S, (Ca, Cl, Si, Al)	silver foil darkened by sulfur
9	golden leaf	around lower left medallion	6.0 x 5.7	gold leaf, organic binding medium, gypsum, traces of lapis	**Au,** Ca, S, (Ag, K, Cl, Si)	gold foil, gypsum, binding medium, silver foil
10	black	inner area of outer border	6.5 x 2.6	carbon black, gold leaf, traces of gypsum?	**Au,** Ca, (Si, K)	gold foil, carbon black, traces of gypsum

Key **Major** element: **bold** type   Minor element: plain roman type   (Trace) element: (parentheses)

MS 691 Miniaturas atribuidas a Cola Rabicano
Plinio el Viejo, *Historia naturalis,* folio 1, recto
Nápoles, último tercio del siglo XV

Muestra	Color	Zona de muestreo	X,Y (en cm.)	Análisis microscópico	Análisis químico	Pigmentos identificados
1	Verde	Paisaje en el medallón	14.0 x 4.0	Malaquita, yeso	**Cu, Ca, S, Si,** K, Cl, (Al), (Fe), Pb	Malaquita, yeso
2	Amarillo sucio	Decoración vegetal a la derecha del medallón	16.0 x 4.1	Amarillo de estaño y plomo; trazas de lapizlázuli y hoja de oro	**Pb, Sn**	Amarillo de estaño y plomo; ¿blanco de plomo?; trazas de lapislázuli, calcita, y hoja de oro
3	Hoja metálica oscurecida	Decoración vegetal a la derecha del medallón	18.6 x 6.3	Plata, trazas de lapizlázuli y aglutinante orgánico	**Ag,** Pb, (Si, Ca, S, Al, Na, Cl)	Hoja de plata; lapislázuli con trazas de cuarzo; blanco de plomo
4	Naranja	Cinta del *putto*	18.0 x 5.5	Rojo de plomo finamente molido	**Pb,** S, (Ca, Ag, K, Al)	Rojo de plomo
5	Amarillo	Túnica del *putto*	17.1 x 4.8	Blanco de plomo, amarillo de estaño y plomo	**S, Pb,** Ca/**(Pb)**	Blanco de plomo, amarillo de estaño y plomo
6	Rojo	Zona exterior del tramo central inferior de la orla	12.4 x 2.2	Laca roja, blanco de plomo, trazas de lapislázuli	**Ca,** Al, Pb, (S, Cl, K, Mg)	Laca roja, blanco de plomo, trazas de lapislázuli
7	Azul	Zona exterior del tramo central inferior de la orla	12.4 x 2.2	Lapislázuli, laca roja, blanco de plomo	Pb, Si, Al, (Ca, Na, K)	Laca roja, lapislázuli con cuarzo, blanco de plomo
8	Hoja metálica grisácea	Cuartel gris del escudo nobiliario	12.0 x 3.4	Sulfuro de plata	**Ag,** S, (Ca, Cl, Si, Al)	Hoja de plata oscurecida por azufre
9	Hoja dorada	En torno al medallón inferior izquierdo	6.0 x 5.7	Hoja de oro, aglutinante orgánico, yeso, trazas de lapislázuli	**Au,** Ca, S, (Ag, K, Cl, Si)	Hoja de oro, yeso, aglutinante, hoja de plata
10	Negro	Zona interior de la orla	6.5 x 2.6	Negro de carbono, hoja de oro, ¿trazas de yeso?	**Au,** Ca, (Si, K)	Hoja de oro, negro de carbono, trazas de yeso

Clave Elemento **abundante: negrita** Elemento menor: tipo normal Elemento (en trazas): (entre paréntesis)

MS 692 Illuminations attributed to Cola Rabicano
Quintilian, *De institutione oratoria*, folio 1, recto
Naples, last third of 15th century

Sample	Color	Sample Area	X,Y (in cm)	Microscopy	Chemistry	Pigment Identification
1	blue	crest to right of coat of arms	12.5 x 4.2	lapis, vermilion	**Si**, Al, Ca, Pb, (K), (Na), (S), (Mg)	lapis, lead white, vermilion
2	green	cornucopia under coat of arms	12.1 x 1.9	malachite, azurite, minor gypsum	**Cu**, (Ca), (K), (Cl)/**Cu, Ca, K, Cl**, (S), (P), Si	malachite, minor gypsum, traces of azurite
3	red	red bar in coat of arms	11.9 x 3.2	traces of red lake, grains of vermilion	**Hg, S**, Ca, (Al), (Si), (K), (Mg)	vermilion
4	yellow	robe of small *putto* on right of cornucopia	13.8 x 3.8	uniformly fine-grained white and yellowish particles	**Pb**, S, Ca, (Sn), (Al), (Si)	lead white, lead tin yellow
5	green	green shadow in medallion, lower left corner	1.8 x 3.2	green glaze, anisotropic blue particles, traces of malachite, isotropic blue particles, green verditer	**Pb, Cu**, S, Ca, (Si), (Al)/ **Cu**, (Pb)/**Cu, Pb**, Sn/**Pb, Sn, Cu**	lead tin yellow, malachite, azurite, lapis, green verditer
6	yellow	flower in lower left corner	1.7 x 2.8	green fragments, yellow ochre, traces of vermilion and malachite	**Fe**, Ca, Mg, (Pb, Mg, Si, Al, S)	malachite, vermilion, yellow ochre
7	pink	flower in lower left corner	1.9 x 2.5	red lake, and probably particles of lead white	**Pb**, (Al, Ca, Si)/**Pb**, Al, Ca	lead white, red lake
8	gilding (gold leaf and prep. layer)	lower left corner	1.3 x 3.2	gypsum crystals, bole fragments (red ochre)	**Au**, Ca, (Fe, Si, K, Al)	gold foil, gypsum crystals, red ochre
9	red	flower in lower left corner	2.2 x 1.8	lake pigment, lapis, probably red ochre, traces of red lead and lead white	**Pb**, (Ca, K, Si)	lapis, red lake, red ochre, traces of red lead and lead white
10	golden pigment	within border surrounding text	18.6 x 8.5	opaque foil	**Au**, Pb, Si, (Ca, K, Al)	gold foil, lead white

Key **Major** element: **bold** type Minor element: plain roman type (Trace) element: (parentheses)

MS 692 Miniaturas atribuidas a Cola Rabicano
Quintiliano, *De institutione oratoria*, folio 1, recto
Nápoles, último tercio del siglo XV

Muestra	Color	Zona de muestreo	X,Y (en cm.)	Análisis microscópico	Análisis químico	Pigmentos identificados
1	Azul	Remate a la derecha del escudo nobiliario	12.5 x 4.2	Lapislázuli, bermellón	**Si,** Al, Ca, Pb, (K), (Na), (S), (Mg)	Lapislázuli, blanco de plomo, bermellón
2	Verde	Cornucopia bajo el escudo nobiliario	12.1 x 1.9	Malaquita, azurita, presencia de yeso	**Cu,** (Ca), (K), (Cl)/**Cu, Ca, K, Cl,** (S), (P), Si	Malaquita, presencia de yeso, trazas de azurita
3	Rojo	Barra roja en el escudo nobiliario	11.9 x 3.2	Trazas de laca roja, partículas de bermellón	**Hg, S,** Ca, (Al), (Si), (K), (Mg)	Bermellón
4	Amarillo	Túnico del *putto* a la derecha de la cornucopia	13.8 x 3.8	Partículas finas y homogéneas de color blanco y amarillo	**Pb,** S, Ca, (Sn), (Al), (Si)	Blanco de plomo, amarillo de estaño y plomo
5	Verde	Sombra verde en el medallón, en la esquina inferior izquierda	1.8 x 3.2	Veladura verde, partículas azules isotrópicas y anisotrópicas, trazas de malaquita, verde verditer	**Pb, Cu,** S, Ca, (Si), (Al)/ **Cu,** (Pb)/**Cu, Pb,** Sn/**Pb, Sn, Cu**	Amarillo de estaño y plomo, malaquita, azurita, lapislázuli, verde verditer
6	Amarillo	Flor en la esquina inferior izquierda	1.7 x 2.8	Fragmentos verdes, ocre amarillo, trazas de bermellón y malaquita	**Fe,** Ca, Mg, (Pb, Mg, Si, Al, S)	Malaquita, bermellón, ocre amarillo
7	Rosa	Flor en la esquina inferior izquierda	1.9 x 2.5	Laca roja, y probablemente blanco de plomo	**Pb,** (Al, Ca, Si)/**Pb,** Al, Ca	Blanco de plomo, laca roja
8	Dorado (hoja dorada y capa de preparación)	Esquina inferior izquierda	1.3 x 3.2	Cristales de yeso, partículas de bol (ocre rojo)	**Au,** Ca, (Fe, Si, K, Al)	Hoja de oro, cristales de yeso, ocre rojo
9	Rojo	Flor en la esquina inferior izquierda	2.2 x 1.8	Pigmento tipo laca, lapislázuli, probablemente ocre rojo, trazas de rojo y blanco de plomo	**Pb,** (Ca, K, Si)	Lapislázuli, laca roja, ocre rojo, trazas de rojo y blanco de plomo
10	Pigmento dorado	Trazo en torno al texto	18.6 x 8.5	Hoja metálica opaca	**Au,** Pb, Si, (Ca, K, Al)	Hoja de oro, blanco de plomo

Clave Elemento **abundante: negrita** Elemento menor: tipo normal Elemento (en trazas): (entre paréntesis)

MS 720 Cola Rabicano, illuminator
Francesco Barbaro, *De re uxoria,* folio 1, recto; folio 70, recto
Naples, 1473

Sample	Color	Sample Area	X,Y (in cm)	Microscopy	Chemistry	Pigment Identification
1	red	vertical red bar in coat of arms	6.1 x 3.2	red lead, red lake, gypsum	**Pb, Ca,** S, (Al, Si, Fe)	red lead, red lake, gypsum
2	black	around coat of arms	6.1 x 3.1	carbon black (not from wood), traces of lapis, traces of red lead, gypsum	**Pb, Ca,** S, (Mg, K, Si, Al)	carbon black, gypsum, traces of red lead and red lake
3	green	foliage around coat of arms	6.1 x 2.8	green verditer, blue-green verdigris	**Cu, Pb,** Ca, (Si, S, K, Al, Cl)	green verditer, probably blue-green verdigris
4	blue	foliage under coat of arms	5.5 x 1.2	lapis	**Pb, Si,** Al, Ca, (S, Na, K)	lapis, lead white
5	darkened yellow	drapery of right angel	9.1 x 3.1	lead tin yellow	**Pb, Sn,** (Ca)	darkened lead white?, lead tin yellow
6	yellow	drapery of right angel	9.0 x 3.8	lead tin yellow	**Pb, Ca,** Sn, (Cl, S)	lead white, lead tin yellow
7	red glaze	horizontal red bars in coat of arms	6.4 x 5.0	red lake, lead white	**Pb, Ca,** S, Al, Si, K	red lake, lead white
8	golden pigment	left wing of angel to left of coat of arms	2.8 x 4.7	gold foil, gypsum	**Ca, S,** (S, Ca, Si, Al, K)	gold foil, gypsum
9	green	foliage of capital letter, folio 70, recto	3.7 x 18.3	green verditer, traces of lapis	**Pb,** Si, Ca, S, (Al, K, Na), (Fe)	green verditer, gypsum, lead white, traces of lapis
10	blue	foliage of capital letter, folio 70, recto	3.2 x 18.5	lapis, lead white	**Pb,** Ca, Al, S, (Si)	lapis, lead white
11	red	foliage of capital letter, folio 70, recto	4.1 x 18.6	red lake	sample missing	red lake
12	golden leaf	foliage of capital letter, folio 70, recto	4.3 x 18.8	gold leaf	**Au,** Pb, (S, Ca, Si, Al)	gold leaf, yellow ochre, lead white

Key **Major** element: **bold** type Minor element: plain roman type (Trace) element: (parentheses)

MS 720 Iluminado por Cola Rabicano
Francesco Barbaro, *De re uxoria,* folio 1, recto; folio 70, recto
Nápoles, 1473

Muestra	Color	Zona de muestreo	X,Y (en cm.)	Análisis microscópico	Análisis químico	Pigmentos identificados
1	Rojo	Barras verticales en el escudo nobiliario	6.1 x 3.2	Rojo de plomo, laca roja, yeso	**Pb, Ca,** S, (Al, Si, Fe)	Rojo de plomo, laca roja, yeso
2	Negro	En torno al escudo nobiliario	6.1 x 3.1	Negro de carbono (no de madera); trazas de lapislázuli y de rojo de plomo; yeso	**Pb, Ca,** S, (Mg, K, Si, Al)	Negro de carbono, yeso, trazas de rojo de plomo y laca roja
3	Verde	Decoración vegetal en torno al escudo nobiliario	6.1 x 2.8	Verde verditer, verdigris verde-azulado	**Cu, Pb,** Ca, (Si, S, K, Al, Cl)	Verde verditer, probablemente verdigris verde-azulado
4	Azul	Decoración vegetal bajo el escudo nobiliario	5.5 x 1.2	Lapislázuli	**Pb, Si,** Al, Ca, (S, Na, K)	Lapislázuli, blanco de plomo
5	Amarillo oscurecido	Túnica del amorcillo derecho	9.1 x 3.1	Amarillo de estaño y plomo	**Pb, Sn,** (Ca)	¿blanco de plomo oscurecido?, amarillo de estaño y plomo
6	Amarillo	Túnica del amorcillo derecho	9.0 x 3.8	Amarillo de estaño y plomo	**Pb, Ca,** Sn, (Cl, S)	Blanco de plomo, amarillo de estaño y plomo
7	Veladura roja	Barras horizontales en el escudo nobiliario	6.4 x 5.0	Laca roja, blanco de plomo	**Pb, Ca,** S, Al, Si, K	Laca roja, blanco de plomo
8	Pigmento dorado	Ala izquierda del amorcillo a la izquierda del escudo nobiliario	2.8 x 4.7	Hoja de oro, yeso	**Ca, S,** (S, Ca, Si, Al, K)	Hoja de oro, yeso
9	Verde	Decoración a *bianchi girari* de la letra capital del folio 70, recto	3.7 x 18.3	Verde verditer, trazas de lapislázuli	**Pb,** Si, Ca, S, (Al, K, Na), (Fe)	Verde verditer, yeso, blanco de plomo, trazas de lapislázuli
10	Azul	Decoración a *bianchi girari* de la letra capital del folio 70, recto	3.2 x 18.5	Lapislázuli, blanco de plomo	**Pb,** Ca, Al, S, (Si)	Lapislázuli, blanco de plomo
11	Rojo	Decoración a *bianchi girari* de la letra capital del folio 70, recto	4.1 x 18.6	Laca roja	Muestra insuficiente	Laca roja
12	Hoja dorada	Decoración a *bianchi girari* de la letra capital del folio 70, recto	4.3 x 18.8	Hoja de oro	**Au,** Pb, (S, Ca, Si, Al)	Hoja de oro, ocre amarillo, blanco de plomo

Clave Elemento **abundante: negrita** Elemento menor: tipo normal Elemento (en trazas): (entre paréntesis)

MS 758 Cristoforo Majorana, illuminator
Aesop, *Vita et fabulae,* folio 1, recto; folio 75, recto; folio 76, recto
Naples, 1481

Sample	Color	Sample Area	X,Y (in cm)	Microscopy	Chemistry	Pigment Identification
1	red	vertical red bar in coat of arms	6.1 x 3.2	red lead, red lake, gypsum	**Pb, Ca,** S, (Al, Si, Fe)	red lead, red lake, gypsum
2	black	around coat of arms	6.1 x 3.1	carbon black (not from wood), traces of lapis, traces of red lead, gypsum	**Pb, Ca,** S, (Mg, K, Si, Al)	carbon black, gypsum, traces of red lead and red lake
3	green	foliage around coat of arms	6.1 x 2.8	green verditer, blue-green verdigris	**Cu, Pb,** Ca, (Si, S, K, Al, Cl)	green verditer, probably blue-green verdigris
4	blue	foliage under coat of arms	5.5 x 1.2	lapis	**Pb, Si,** Al, Ca, (S, Na, K)	lapis, lead white
5	darkened yellow	drapery of right angel	9.1 x 3.1	lead tin yellow	**Pb, Sn,** (Ca)	darkened lead white?, lead tin yellow
6	yellow	drapery of right angel	9.0 x 3.8	lead tin yellow	**Pb, Ca,** Sn, (Cl, S)	lead white, lead tin yellow
7	red glaze	horizontal red bars in coat of arms	6.4 x 5.0	red lake, lead white	**Pb, Ca,** S, Al, Si, K	red lake, lead white
8	golden pigment	left wing of angel to left of coat of arms	2.8 x 4.7	gold foil, gypsum	**Ca, S,** (S, Ca, Si, Al, K)	gold foil, gypsum
9	green	foliage of capital letter, folio 70, recto	3.7 x 18.3	green verditer, traces of lapis	**Pb,** Si, Ca, S, (Al, K, Na), (Fe)	green verditer, gypsum, lead white, traces of lapis
10	blue	foliage of capital letter, folio 70, recto	3.2 x 18.5	lapis, lead white	**Pb,** Ca, Al, S, (Si)	lapis, lead white
11	red	foliage of capital letter, folio 70, recto	4.1 x 18.6	red lake	sample missing	red lake
12	golden leaf	foliage of capital letter, folio 70, recto	4.3 x 18.8	gold leaf	**Au,** Pb, (S, Ca, Si, Al)	gold leaf, yellow ochre, lead white

Key **Major** element: **bold** type Minor element: plain roman type (Trace) element: (parentheses)

MS 758 Iluminado por Cristoforo Majorana
Esopo, *Vita et fabulae,* folio 1, recto; folio 75, recto; folio 76, recto
Nápoles, 1481

Muestra	Color	Zona de muestreo	X,Y (en cm.)	Análisis microscópico	Análisis químico	Pigmentos identificados
1	Verde	Vegetación próxima a la base	8.6 x 0.4	Malaquita, azurita	**Cu, S,** Ca, (K)/**Ca,** Cu, K, Cl, (S), (Si)	Malaquita, azurita, yeso
2	Rosa	Mármol rosado en la base	8.5 x 0.7	Laca roja, fragmentos verdes, blanco de plomo	**Ca, K, S,** Al/**Ca, S, K,** (Si), (Cl), (Al)	Laca roja, presencia de blanco de plomo, yeso, trazas de malaquita
3	Azul	Plafón azul ornamental	9.6 x 3.0	Lapislázuli, azurita, ¿yeso?	**Ca,** S, (Pb)/**Ca,** S, (Cu)	Lapislázuli, azurita, yeso
4	Púrpura	Zona sombreada en la curva de la base	2.8 x 3.0	Laca púrpura, trazas de lapislázuli y de laca roja	**Ca,** S, (K), (Si), (Fe), (Al)	Laca púrpura, trazas de lapislázuli y laca roja, probable presencia de yeso
5	Pigmento dorado, negro, y azul	Plafón azul ornamental	1.6 x 2.5	Oro	**Au,** (Ca), (S), (Fe)	Oro, yeso
6	Pigmento oscurecido	Ala oscura del angél izquierdo	4.2 x 3.6	Hoja de plata oscurecida, trazas de laca roja	**Ag, Ca, S,** (Si), (Al)	Hoja de plata sulfurada, yeso, ocre amarillo
7	Veladura amarilla	Zona amarilla en la parte curvada de la base arquitectónica	7.0 x 2.6	¿Veladura transparente sobre amarillo de estaño y plomo?	**Ca,** (K), S, (Si), (Fe)	Probablemente amarillo de estaño y plomo, muy finamente molido, con abundante aglutinante
8	Verde	Decoración vegetal verde, esquina inferior izquierda de la letra capital del folio 75	4.8 x 12.6	Malaquita, trazas de azurita	**Cu,** (Ca)/**Ca,** Cu	Malaquita, trazas de azurita
9	Rojo	Rojo en la letra capital del folio 75	2.6 x 5.5	Laca roja, cristales aciculares de yeso	**Ca,** S	Laca roja sobre yeso

Clave Elemento **abundante: negrita** Elemento menor: tipo normal Elemento (en trazas): (entre paréntesis)

MS 887 Illuminator unknown
Breviarium romanum, folio 536, recto
Naples, last third of 15th century

Sample	Color	Sample Area	X,Y (in cm)	Microscopy	Chemistry	Pigment Identification
1	golden leaf	lower center border	6.8 x 1.5	opaque foil	**Au,** S, Ca, (Si, K, Al)	gold leaf
2	blue (darker and lighter)	lower center border	6.8 x 1.5	lapis	**Pb,** Si, S, (Al, Ca, Na, K)	lapis with quartz, minor lead white, traces of azurite
3	red lake	strawberry to right of medallion (lower center)	8.0 x 1.9	red lake, lead white, traces of calcite?	**Ca, Pb,** Al, S, (K)	red lake, lead white, traces of calcite
4	green glaze and lighter green base	strawberry to right of medallion (lower center)	8.6 x 2.0	malachite, green verditer	**Cu,** S, (K, Ca, Cl, Fe, Si)/**Cu,** (Ca), (K), (S), (Cl), (Si), (Al)	malachite, green verditer, protein media?
5	red lake	strawberry to right of medallion (lower center)	8.7 x 2.3	red lake, darkened lead white, traces of vermilion	**Pb, S,** (Ca, Al)	red lake, lead white, traces of vermilion
6	yellow	yellow lines on strawberry of samples 3, 4, and 5	8.7 x 2.3	lead tin yellow, lead white	**Pb, Sn,** S	lead tin yellow, lead white

Key **Major** element: **bold** type Minor element: plain roman type (Trace) element: (parentheses)

MS 887 Miniaturista desconocido
Breviarium romanum, folio 536, recto
Nápoles, último tercio del siglo XV

Muestra	Color	Zona de muestreo	X,Y (en cm.)	Análisis microscópico	Análisis químico	Pigmentos identificados
1	Hoja dorada	Tramo inferior de la orla	6.8 x 1.5	Hoja opaca	**Au,** S, Ca, (Si, K, Al)	Hoja de oro
2	Azul (oscuro y claro)	Tramo inferior de la orla	6.8 x 1.5	Lapislázuli	**Pb,** Si, S, (Al, Ca, Na, K)	Lapislázuli con cuarzo, presencia de blanco de plomo, trazas de azurita
3	Laca roja	Fresa a la derecha del medallón (tramo inferior de la orla)	8.0 x 1.9	Laca roja, blanco de plomo, ¿trazas de calcita?	**Ca, Pb,** Al, S, (K)	Laca roja, blanco de plomo, trazas de calcita
4	Veladura verde y base verde clara	Fresa a la derecha del medallón (tramo inferior de la orla)	8.6 x 2.0	Malaquita, verde verditer	**Cu,** S, (K, Ca, Cl, Fe, Si)/**Cu,** (Ca), (K), (S), (Cl), (Si), (Al)	Malaquita, verde verditer, ¿aglutinante proteínico?
5	Laca roja	Fresa a la derecha del medallón (tramo inferior de la orla)	8.7 x 2.3	Laca roja, blanco de plomo oscurecido, trazas de bermellón	**Pb, S,** (Ca, Al)	Laca roja, blanco de plomo, trazas de bermellón
6	Amarillo	Líneas amarillas en la fresa a la derecha del medallón (tramo inferior de la orla)	8.7 x 2.3	Amarillo de estaño y plomo, blanco de plomo	**Pb, Sn,** S	Amarillo de estaño y plomo, blanco de plomo

Clave Elemento **abundante: negrita** Elemento menor: tipo normal Elemento (en trazas): (entre paréntesis)

Further Reading / *Otras lecturas*

History of the Aragonese Presence in Naples

Historia de la presencia aragonesa en Nápoles

George Hersey, *Alfonso II and the Artistic Renewal of Naples, 1485–1495* (New Haven, 1969).

This text mainly discusses the artistic achievements of the Aragonese kings in the latter part of the century, but also offers an interesting view of their decline.

Este texto describe principalmente los logros artísticos de los reyes aragoneses en los últimos años del siglo XV, pero presenta también una perspectiva interesante de su decadencia.

Alan Ryder, *El reino de Nápoles en la época de Alfonso el Magnánimo* (Valencia, 1987).

Alan Ryder, *Alfonso the Magnanimous, King of Aragon, Naples, and Sicily, 1396–1458* (Oxford, 1990).

History of the Neapolitan Library and Miniaturists

Historia de la biblioteca napolitana y de los miniaturistas

L. Baer, "Gigante, Giovanni di" and "Gigantibus, Gioacchino di Giovanni de," in Ulrich Thieme and Felix Becker, *Allgemeines Lexikon der Bildenen Künstler von der Antik bis zur Gegenwart Begründet*, vol. 14 (Leipzig, 1921), pp. 12–13.

John Williams Bradley, *A Dictionary of Miniaturists, Illuminators, Calligraphers, and Copyists* (London, 1887).

G. Ceci, "Rubicano," in Thieme and Becker, *Allgemeines Lexikon*, vol. 19, pp. 147–48.

Tammaro De Marinis, *La biblioteca napoletana dei re d'Aragona* (Milan, 1947).

Tammaro De Marinis et al., *La biblioteca napoletana dei re d'Aragona: Supplemento* (Milan, 1949).

De Marinis's texts constitute the most complete work on the Neapolitan library of the Aragonese kings. It is an essential reference for those who want to study this topic in depth.

Los textos de De Marinis representan el más completo estudio sobre la biblioteca napolitana de los reyes aragoneses. Constituyen una referencia esencial para aquellos que deseen profundizar en este tema.

Leopold Victor Delisle, *Le cabinet des manuscrits de la Bibliothèque Impériale* (Paris, 1868–81).

This catalogue contains valuable information on the Neapolitan codices held in the National Library of Paris.

Este catálogo contiene información valiosa sobre los códices napolitanos conservados en la Biblioteca Nacional de París.

Giuseppe Mazzatinti, *La biblioteca dei re d'Aragona in Napoli* (Rocca S. Casciano, 1897).

Until De Marinis published his works, this was the most complete study of the library; it remains interesting, even though some of its attributions are clearly wrong. Its history of the Aragonese presence in Naples is brief, but very readable.

Ésta fue la investigación más completa sobre la biblioteca hasta la publicación de las obras de De Marinis; todavía es interesante, aunque algunas de sus atribuciones son claramente erróneas. Su historia de la presencia aragonesa en Nápoles es breve, pero muy amena.

Camillo Minieri-Riccio, *Cenno storico dell'Accademia Alfonsina istituita nella città di Napoli nel 1442* (Naples, 1875).

An account of the intellectual achievements of the humanist circle created by Alfonso V ("the Magnanimous"); it offers valuable information on the role played by the library during Alfonso's reign.

Una historia de los logros del círculo humanista creado por Alfonso el Magnánimo; ofrece información valiosa sobre el papel jugado por la biblioteca en aquel entrono.

Fausto Nicolini, *L'arte napoletana del Rinascimento e la lettera di Pietro Summonte a Marcantonio Michiel* (Naples, 1925).

An overview of the artistic sphere in Naples in the second half of the fifteenth century. Little consideration is given to miniature painting, but Pietro Summonte's letter is worth reading because it reflects the point of view of a Renaissance

Una visión general del panorama artístico napolitano en la segunda mitad del siglo XV. No se presta especial atención a la pintura de miniaturas, pero la carta de Pietro Summonte es muy interesante porque refleja el punto de vista del espectador renacentista.

Antonella Putaturo Murano, *Miniature napoletane del Rinascimento* (Naples, 1973).

A study of the miniatures in the books from the Aragonese library from an artistic point of view. Along with Mazzatinti's and De Marinis's texts, this is the most important volume on the history of the miniatures.

Un estudio de las miniaturas en los códices de la biblioteca aragonesa desde un punto de vista artístico. Junto los textos de Mazzatinti y De Marinis, éste es el más importante volumen de la historia de las miniaturas.

Mario Rotili and Antonella Putaturo Murano, *Introduzione alla storia della miniatura e delle arti minori in Italia* (Naples, 1970).

Genaro Toscano, ed., *La Biblioteca Reale di Napoli al tempo della dinastia aragonese* (Valencia, 1998).

This well-presented book includes interesting texts by many historians who have specialized in the history of the Neapolitan library. It constitutes a valuable and up-to-date reference work on this matter. Contains both Italian and Spanish translations of the texts.

Este libro, magníficamente presentado, incluye interesantes textos de distintos historiadores especializados en la historia de la biblioteca napolitana. Constituye una referencia valiosa y actualizada sobre esta cuestión. Contiene traducciones españolas e italianas de los textos.

Techniques and Materials of Miniature Painting in the Late Middle Ages and the Renaissance

Técnicas y materiales de la pintura miniada en la Baja Edad Media y el Renacimiento

The materials and techniques of medieval miniatures were basically identical to those used in Renaissance times. For this reason, this section includes texts on miniature techniques from both periods.

Las técnicas y materiales de la pintura miniada medieval son esencialmente idénticos a los empleados en la miniatura renacentista. Por esta razón en esta sección se incluyen textos de ambos periodos.

Source Editions
Ediciones de fuentes

By *sources,* we mean texts describing the craft of painting, written by medieval or early Renaissance authors. Only one reprint edition of each of the most interesting sources has been cited. For a discussion of the original editions, see texts listed in "Source List" below.

Por *fuentes,* nos referimos a aquellos textos escritos por autores medievales o renacentistas en los que se describen las prácticas pictóricas. Sólo se ha citado una reimpresión de cada de las fuentes que, en opinión de los autores, son más interesantes. Se pueden encontrar referencias de las fuentes originales en los textos incluidos en el apartado "Listados de fuentes," más abajo.

David Simon Blondheim, "An Old Portuguese Work in Manuscript Illumination," in *The Jewish Quarterly Review,* n.s. 19 (1928–29): 97–135.

Viola Borradaile and Rosamund Borradaile, trans., *The Strasburg Manuscript: A Medieval Painters' Handbook* (New York, 1966).

Franco Brunello, *Il 'De arte illuminandi' e altri trattati sulla tecnica della miniatura medievale* (Vicenza, 1975).

This book contains both a transcription (along with a good Italian translation) of "De arte illuminandi" and a discussion of the techiques of miniature painting, with references to other original sources.

Este libro contiene una transcripción (y una buena traducción italiana) del "De arte illuminandi," y un estudio de las técnicas de la miniatura, con referencias a otras fuentes originales.

John Miller Burnam, *A Classical Technology Edited from Codex Lucensis, 490* (Boston, 1920).

Cennino Cennini, *Il libro dell'arte,* ed. Franco Brunello (Vicenza, 1982).

Helmut Lehmann-Haupt, ed., *The Göttingen Model Book: A Facsimile Edition and Translation of a Fifteenth-Century Illuminator's Manual* (Columbia, Mo., 1978).

Mary Philadelphia Merrifield, *Original treatises dating from the XIIth to the XVIIIth centuries on the Arts of Painting, in oil, miniature,*

XIIth to the XVIIIth centuries on the Arts of Painting, in oil, miniature, mosaic, and on glass; of gilding, dyeing, and the preparation of colours and artificial gems (London, 1849; reprint, New York, 1967).

A classic compilation of important medieval and Renaissance treatises on the techniques of painting. This book was written in the first half of the nineteenth century, but the transcriptions and English translations of the texts are fairly competent, and most of the comments are still valid.

Un texto clásico que recopila una cantidad importante de tratados medievales y renacentistas sobre las técnicas pictóricas. Este libro fue escrito en la primera mitad del siglo XIX, pero las transcripciones y su correspondiente traducción inglesa son buenas, y los comentarios aún son válidos en su mayor parte.

Theophilus, *De diversis artibus. The Various Arts. Translated from the Latin with Introduction and Notes,* C. R. Dodwell, trans. and ed. (London, 1961; reprint, Oxford, 1986).

Source List
Listados de fuentes

This section includes works that list and discuss original sources (that is, texts written in medieval and early Renaissance times on painting techniques and materials).

Esta sección incluye textos en los que se listan y comentan fuentes originales (es decir, textos sobre técnicas artísticas, escritos en el medievo y el Renacimiento).

S. M. Alexander, "Towards a History of Art Materials: A Survey of Published Technical and Archeological Literature in the Arts. Part I: from Antiquity to 1599," in *Art and Archeological Technical Abstracts* 7, no. 3 (1969): 123–61.

An interesting and quite complete work. However, data on the editions are seldom included, which reduces its usefulness.

Una obra muy interesante y completa. Sin embargo, apenas se incluyen datos sobre las ediciones, lo que reduce notablemente su utilidad.

D. Bomford et al., *Art in the Making: Italian Painting before 1400* (London, 1989), 210–19. Spanish translation/traducción española: *La pintura italiana hasta 1400: Materiales, métodos, y procedimientos del arte* (Barcelona, 1995).

This book is a very well-written and -illustrated account of late-medieval and early-Renaissance tempera painting techniques and materials. Includes a well-annotated bibliography.

Este libro ofrece una visión de las técnicas pictóricas tal y como eran practicadas a finales de la Edad Media y en el Renacimiento temprano. Está muy bien escrito e ilustrado, e incluye una buena bibliografía comentada sobre materiales y técnicas.

Silvia Bordini, *Materia e imagine: Fonti sulle techniche della pittura* (Rome, 1991). Spanish translation/traducción española: *Materia e imagen: Fuentes sobre las técnicas de la pintura* (Barcelona, 1995).

A very complete account of written texts on painting techniques, with interesting comments. A fundamental reference work in this field.

Una muy completa recopilación de textos originales para la historia de la técnica de la pintura, acompañada de interesantes comentarios. Una obra fundamental en este campo.

Salvador Muñoz Viñas, "Original Written Sources for the History of Mediaeval Painting Techniques and Materials: A List of Published Texts," in *Studies in Conservation* 43 (1998): 114–24.

Brief commentary on a selection of original sources, with bibliographical references of existing published transcriptions and/or translations into contemporary languages.

Una selección brevemente comentada de fuentes originales, con referencias bibliográficas de sus transcipciones y/o traducciones a idiomas modernos.

Julius von Schlosser, *La literatura artística. Manual de fuentes de la historia moderna del arte,* 3rd ed., revised by Otto Kurz, with additions by A. Bonet Correa (Madrid, 1976).

This well-known text compiles numerous written sources for the history of European art, including some technical references. The original text (first published in 1924) has been periodically revised by other scholars, and translated into many languages.

Esta famosa obra recopila una gran cantidad de fuentes escritas para la historia del arte europeo, y entre ellas también se incluyen algunas dedicadas a los aspectos técnicos. El texto original fue publicado en 1924, y ha sido periódicamente revisado y actualizado; ha sido traducido a numerosos idiomas.

Contemporary Studies
Estudios contemporáneos

By "contemporary study," we mean research done in our times

on the materials and techniques of late-medieval and early-Renaissance painting. This category includes a vast group of books and an even larger group of articles. This brief selection of suggested readings is based mainly on readability and interest.

Por "estudios contemporáneos," entendemos las investigaciones realizadas en nuestros tiempos sobre materiales y técnicas de la pintura bajomedieval y del Renacimiento temprano. Esta categoría incluye un vasto conjunto de libros, y un conjunto de artículos aún mayor. Esta breve selección propuesta aquí ha sido hecha según el criterio del interés y de la amenidad.

The Renaissance Artist as Technician

El artista renacentista como técnico

Ettore Camesasca, *Artisti in bottega* (Milan, 1966).

Bruce Cole, *The Renaissance Artist at Work* (New York, 1983).

An overview of the craft of the Renaissance artist. The contemporary status and consideration of the average Renaissance artist is also discussed. Curious and amusing examples are included.

Un resumen general del trabajo del artista renacentista medio y de su posición social y cultural. Se incluyen amenos ejemplos y curiosidades.

Gaetano Filangieri, *Documenti per la storia, le arte, e le industrie delle provincie napoletane* (Naples, 1883–91).

The documents transcribed by Filangieri do not deal directly with the miniaturists studied here, but give a very lively, and perhaps surprising, image of the conditions in which the Neapolitan Renaissance artists worked.

Los documentos transcritos por Filangieri no tratan directamente de los miniaturistas estudiados aquí, pero proporcionan una imagen muy colorista, y a veces sorprendente, de las condiciones en las que trabajaban los artistas napolitanos del Renacimiento.

The Techniques and Materials of Painting: General Principles

Las técnicas y materiales de la pintura: Principios generales

There are many excellent texts on this topic; the selection that follows is one of many that are possible.

Hay muchos libros de muy alta calidad sobre este tema; la selección que sigue es una de las muchas posibles.

Roy Ashok, ed., *Artists' Pigments*, vol. 2 (Washington, 1994).

A compilation of articles on pigments made by very competent authors. As in the first volume of this series (see Robert Feller, *Artists' Pigments...*, below), many of the articles had previously been published in *Studies in Conservation*, and have been revised for publication here; the volumes in this series include only a few pigments, but the information on each is exhaustive.

Una recopilación de artículos sobre pigmentos hecha por autores solventes. Como en el primer volumen de la serie (véase Robert Feller, ed., *Artists' Pigments...*, más abajo), muchos de los artículos fueron publicados en *Studies in Conservation*, y han sido revisados para su publicación en este libro. Los volúmenes de esta colección sólamente incluyen unos cuantos pigmentos, pero la información proporcionada es exhaustiva.

Joseph Gauld Bearn, *The Chemistry of Paints* (London, 1960).

Kenneth Walter Bentley, *The Natural Pigments* (New York, 1960).

Robert L. Feller, ed., *Artists' Pigments: A Handbook of Their History and Characteristics* (Cambridge, England, 1986).

(See Ashok, *Artists' Pigments*, above.)

(Véase Ashok, *Artists' Pigments*, más arriba.)

Rutherford J. Gettens and George L. Stout, *Painting Materials: A Short Encyclopedia* (New York, 1942; reprint, New York, 1966).

Arguably the best-known book on painting materials ever written, and it deserves that fame because of its completeness and its convenient, alphabetical arrangement. It was written more than fifty years ago, and even though the reprint is unrevised, it is still a common reference text, cited in many bibliographies.

Probablemente la obra más famosa sobre los materiales pictóricos; esa fama es merecida por su cómoda ordenación alfabética y por lo completo de su información. Fue escrita hace más de cincuenta años, y a pesar de que sus reimpresiones no han sido actualizadas, todavía es un texto de referencia habitual que aparece citado en muchas bibliografías.

Arthur P. Laurie, *The Painter's Methods and Materials* (Philadel-

phia, 1926; reprint, New York, 1967).

This is a classic reference that offers some of the clearest explanations about the physics of light in relation to pigments and paintings.

Este es un texto clásico que ofrece algunas de las explicaciones más claras sobre la física de la luz en relación con la pintura.

Fritz Mayer, *The Chemistry of Natural Coloring Matters* (New York, 1943).

Rather technical, and somewhat outdated, but still interesting and well organized.

Más bien técnico, y algo anticuado, pero interesante y bien organizado.

John Mills and Raymond White, *The Organic Chemistry of Museum Objects* (London, 1987).

This work is written by (and probably for) chemists, but it constitutes quite a complete reference text, providing information on the properties and behaviour of some painting materials, especially binding media and varnishes.

Este libro ha sido realizado por (y probablemente para) químicos, pero constituye una obra de referencia bastante completa que proporciona información sobre las propiedades y comportamiento de algunos materiales pictóricos, especialmente de aglutinantes y barnices.

The Materials and Techniques of Medieval and Renaissance Painting

Materiales y técnicas de la pintura en la Edad Media y el Renacimiento

The techniques and materials of easel and miniature painting were very closely related. The books suggested in this section will provide the reader with very useful background information for the understanding of technical aspects of painting as practiced in the late Middle Ages and in the Renaissance.

Las técnicas y materiales de la pintura de caballete y de la miniatura estaban directamente relacionadas. Los libros sugeridos en esta sección ofrecen al lector un resumen general sobre los aspectos técnicos de la pintura tal y como era practicada en la baja Edad Media y en el Renacimiento.

Marceline P. E. Berthelot, *Introduction a l'étude de la chimie, des anciens et du moyen âge* (Paris, 1889).

Discusses color technology, as known in the Middle Ages, with some detail.

La tecnología medieval del color se trata con cierto detalle.

Bomford et al., *Art in the Making.* See "Source List" above.

Guy Loumyer, *Les traditions techniques de la peinture médiévale* (Brussels, 1914).

Daniel Varney Thompson, *The Materials and Techniques of Medieval Painting* (London, 1936; reprint, New York, 1956).

A very readable text, whose author devoted many years to the study of the painter's craft as practiced in the Middle Ages and the Renaissance. It lacks references and is not up-to-date, but is still highly recommended because of the clear and entertaining way in which Thompson explains and illustrates concepts.

Un libro muy ameno, cuyo autor dedicó muchos años al estudio de la práctica pictórica en el medievo y el Renacimiento. Carece de referencias bibliográficas, y no está actualizado, pero es todavía muy recomendable por el modo claro y entretenido en que Thompson expone sus ideas.

The Techniques and Materials of Medieval and Renaissance Miniature Painting

Técnicas y materiales de la pintura miniada en la Edad Media y el Renacimiento

Janet Backhouse, *The Illuminated Manuscript* (London: 1979).

A simple and interesting introduction to the world of miniature painting, both from artistic and technical points of view.

Una introducción al mundo de la miniatura desde los puntos de vista artístico y técnico.

Franco Brunello, *Il 'De arte illuminandi' e altri trattati sulla tecnica della miniatura medievale* (Vicenza, 1975).

This book contains both a transcription (along with a good Italian translation, with notes and comments) of *De arte illuminandi* and a discussion of the techniques of painting miniatures, with references to other sources.

Este libro contiene una transcripción del *De arte illuminandi* (junto con una buena traducción italiana, con notas y comentarios), y una descripción de las técnicas de la pintura de miniaturas, con referencias a otras fuentes.

David Diringer, *The Hand-Produced Book* (London, 1962).

David Diringer, *The Illuminated Book: Its History and Production* (New York, 1968).

Françoise Flieder, "Mise au point des techniques d'identification des pigments et des liants inclus dans la couche picturale des enluminures de manuscrits," in *Studies in Conservation* 13 (1968): 49–86.

> In addition to the contents mentioned in the title, this long article reports the results of the analysis of miniature paintings of diverse origin.
>
> Además de los contenidos anunciados en el título, este artículo largo incluye los resultados de los análisis de numerosas miniaturas de diverso origen.

John Henry Middleton, *Illuminated Manuscripts in Classical and Mediaeval Times: Their Art and Their Technique* (Cambridge, England, 1892).

> A basic text, full of anecdotes and curiosities that make it a pleasure to read, despite of its age.
>
> Un texto de nivel básico, repleto de anécdotas y curiosidades que lo hacen muy fácil de leer, a pesar de su antigüedad.

R. Reed, *Ancient Skins, Parchments and Leather* (London, 1972).

Heinz Roosen-Runge, *Farbengebung und Technik Frühmittelalterlicher Buchmalerei: Studien zu den Traktaten 'Mappae Clavicula' und 'Heraclius'* (Munich, 1967).

> Very well organized. Includes partial transcriptions of the treatises mentioned in the title.
>
> Muy bien organizado. Incluye transcripciones de algunas partes de los tratados mencionados en el título.

About the Authors

SALVADOR MUÑOZ VIÑAS is Titular Professor of the Conservation Department of the Polytechnic University of Valencia. Previously he worked as conservator in the Historical Library of the University of Valencia, Estudio General. He holds degrees in fine arts from the Polytechnic University of Valencia and in art history from the University of Valencia. In 1991 he received his doctorate in fine arts.

Los autores

SALVADOR MUÑOZ VIÑAS es Profesor Titular del Departamento de Conservación y Restauración de la Universidad Politécnica de Valencia. Antes de integrarse en la UPV, fue técnico en conservación de la Universidad de Valencia – Estudio General. Es licenciado en Bellas Artes por la UPV y licenciado en Geografía e Historia por la UV-EG, con especialización en historia del arte. En 1991 alcanzó el grado de doctor en Bellas Artes.

ADDRESS/DIRECCIÓN:
Departamento de Conservación y Restauración
Universidad Politécnica de Valencia
Camino de Vera, 14
46022 Valencia
España/Spain

EUGENE F. FARRELL is the Senior Conservation Scientist of the Straus Center for Conservation at the Harvard University Art Museums and a lecturer in fine arts at Harvard University. Prior to joining the Center in 1977, he was a member of the staff of the Crystal Physics Laboratory at the Materials Research Center of the Massachusetts Institute of Technology. He holds B.A. and M.A. degrees in Geology from Boston University.

EUGENE F. FARRELL es Senior Conservation Scientist en el Straus Center for Conservation de la Universidad de Harvard. Antes de unirse al SCC en 1977, trabajó en el Crystal Physics Laboratory del Materials Research Center, en el Massachusetts Institute of Technology. Ha obtenido los grados de BA y Masters en Geología en la Universidad de Boston.

ADDRESS/DIRECCIÓN:
Straus Center for Conservation
Harvard University Art Museums
32 Quincy Street
Cambridge, MA 02138
Estados Unidos de America/U.S.A.

Editors: Dawn Carelli, Evelyn Rosenthal, Martha Davidson, Melissa Katz
Design: Evelyn Rosenthal
Production: Becky Hunt
Photographs: Salvador Muñoz Viñas and Eugene F. Farrell (except for fig. 1);
Figure 1 reproduced by permission of Editorial Ramón Sopena
Tables and fig. 2: Dawn Carelli
Graphs (figs. 15 and 33): Eugene F. Farrell
Printer: Engloba (Valencia - Spain)

Revisión y edición: Dawn Carelli, Evelyn Rosenthal, Martha Davidson, Melissa Katz
Diseño: Evelyn Rosenthal
Producción: Becky Hunt
Fotografias: Salvador Muñoz Viñas y Eugene F. Farrell (excepto la figura 1);
La fotografía de la figura 1 se reproduce con la autorización de Editorial Ramón Sopena
Tables y figura 2: Dawn Carelli
Gráficos (figs. 15 y 33): Eugene F. Farrell
Impresión: Engloba (Valencia - España)